香氣採集者

Cueilleur d'essences:
aux sources des parfums du monde

香氣採集者

Cueilleur d'essences:
aux sources des parfums du monde

從薰衣草、香草到澳洲檀香與孟加拉沉香，法國香氛原料供應商走遍全球，
發掘品牌背後成就迷人氣息的勞動者與風土面貌。

多明尼克・侯柯 Dominique Roques 著 ———— 韓書妍 譯

積木文化

獻給我的父親，指點我這條通往林木間的道路。

中途停靠在腓尼基商行，
購入美麗的商品：
螺鈿和珊瑚、琥珀和烏木，
以及令人迷醉、數不清的香水。
快來購買這些馨香撲鼻的香水吧。

康斯坦丁・卡瓦菲（Constantin CAVAFY）
〈伊薩基〉（Ithaque）

目次

序章——來自世界各地的採集者

香水對我們而言既熟悉又神祕，總能喚起一小片嗅覺記憶，例如一段清晰又遙遠的童年往事。沒人能逃過香氣的手掌心，好比紫丁香、兩旁長滿金雀花的小徑中那若有似無的香氣，以及親愛之人的氣味，聞過的人一輩子都不會忘懷。

我完好無缺地保留一段童年時期在森林中探索的回憶。時值五月，那時我在朗布耶森林的大橡樹下，森林地面盛開無數鈴蘭，散發馥郁的香氣。這股香氣令我陶醉迷眩，想起母親常用的 **Diorissimo**，這款香氣華麗的香水正是以雪白小吊鐘般的鈴蘭為發想。伴隨回憶裡香氛遊戲的親密熟悉感，打開香水瓶就感受到其中引人遐想之力量的神奇。香水首先對我們輕語談論自身，卸下我們的心防，接著它透過訴說自己的故事，擄獲我們的心。

「這裡有果實、花朵、樹葉和枝頭」，魏爾倫（Paul Verlaine）著名詩篇的第一句話便說得如此動聽，同時也開啟琳琅滿目的香水天然原料名冊。讓我在此為這首詩補充一下其他原料：根部、樹皮、木頭、地衣、嫩芽、漿果、香脂和樹脂，形形色色的植物世界，就是創造出香水的精華與萃取物的寶庫。在十九世紀的香氣分子化學問世前，三千年來，天然材料曾是製作香水的唯一原料。即使這些天然原料現在都成了高級的奢侈品，調香師對這些香氣的喜愛仍堅定不移。這些芳香原料在製程中的香氣豐盈且富層次，而某些原料本身，就已經是香水。

香水配方在我們的肌膚上蒸發前的瞬息間，足以訴說由多種原料交織而成的故事：有些關於製造化學材料的實驗室，有些則和花朵、辛香料或樹脂等天然原料有關。無論是蒸餾或萃取，這些植物變成精油、原精或香脂[1]，與合成分子一起加入香水成分中。品牌總會強調香水裡的天然香料，豐富的香氣使其成為真正香水中不可或缺的角色。

精油也有自己的歷史。它們集產地、地貌、土壤與氣候之大成，是在地紮根者或短期生活之人的產物。從過去到現在，香水產業仍需要香木伐木工，以取得雪松、沉香或檀香；採集者提供野生植物、杜松子、岩薔薇枝或零陵香豆；採脂工人採收樹液、樹脂、乳香、安息香或秘魯香脂；種植者提供花朵、葉片和根部，也有玫瑰、茉莉、岩蘭草和廣藿香；榨汁工提供柑橘、佛手柑和檸檬；運輸者和商人則接手過去阿拉伯沙漠商隊與連結印度洋和地中海的水手的工作。最後是有「玫瑰淡香水大師」之稱的蒸餾者，他們在十七世紀時是精油的

1　關於技術名詞之定義，請見本書末的名詞附錄。

煉金術士，放到現代則是萃取師與化學家。他們是四散各地、各自為政的群體，有的在沙漠和森林中採集，有的則高舉鋤頭和拖拉機耕種。蒸餾者過去以祕密交易為主，現今已轉為透明化作業且對其產品的去向渾然不知，當中也有部份會帶著調香大師與頂尖品牌參觀農田。

這種多元化在無意中形成壯觀的歷史聚落，有如一塊織錦，一條條絲線引領薰衣草、玫瑰和乳香來到我們面前。香水的產製有著謎樣的過程與變幻莫測的來源，且有受保護、變遷、遺失又重新被發掘的傳統，而製香師的共同點，就是滋養人類對自然氣味永不止息的痴迷。一名馬達加斯加女性農民為一株香草授粉時，就像施展魔法；她必須重複這個動作無數次，香草莢才會誕生、成熟，並在採收與萃取後，在一小瓶香草原精中重現其細緻的香氣。

本書記錄的，是我在這三十年間，為尋找香料起源而浪跡天涯的過程。我不是化學家，亦非植物學家，由於向來鍾情樹木與植物，從商學院畢業後便投身香水產業。這趟旅程始於興趣和好奇心，後來成為一份熱情，三十年來我全心投入，為香水產業研究、尋找、購買精油，偶爾還得自行生產數十種香精呢。在玫瑰或廣藿香的田野間、委內瑞拉的森林，或是寮國的鄉村，是這些盛產香氣之地的人們傳授我關於氣味的一切。他們教導我聆聽打開瓶蓋時，精油和萃取物訴說的故事，令我得以成為今日所謂的「供應者」。

身處專精創造香水和香氛公司的核心，我負責為我們的調香師提供來自五十多個國家、超過一百五十種天然原料的精油或萃取物。我的角色是確保這些香料的存量與品質，同時也要探尋新的材料，讓調香師的「調香盤」（palette）更加豐富。在香水產業的體系中，我位在最前端的環節，這條產業鏈從花田一直到香水瓶中。身為這個產業的重要角色，為了推出新品，香水品牌讓多家香氛公司的調香師競爭，亦即「頂尖調香師」（nez），創造出繁複神祕的配方，進而打造香水原液。香水業集結才華洋溢且個性突出的人們，調香師不斷為一流品牌想像出嶄新的氣味，我則為調香師們提供經驗。

我的生涯之旅，始於位在朗德森林中的家族企業，當時我到盛產香料的國家裝設蒸餾和萃取設備。這間企業是八〇年代的先驅，選擇在源頭落腳為策略，生產天然萃取物。從西班牙、摩洛哥、保加利亞、土耳其，甚至馬達加斯加，他們在各地安裝設備，規劃採收與種植的製造團隊。我認識了歷史悠久的地方，深藏技藝傳統的工作，後者有時瀕臨消失，編織起幽深的人文連結。

近十年來，我成為一家瑞士公司的供應者，這家公司也是家族企業，是全球最大的香水與香氛調配集團之一。為了提供與增加我們的調香師可使用的天然原料品項，我投入時間與全世界的生產者編織出合作網絡，令我得以接近所有香水產業中的人們。我對香氣的熱情正是透過這些相遇逐漸建構而成。

在地理上，我們的產品使原料生產者面臨形形色色的社會、經濟與政治現實面。我曾與許多社群合作，常常坐落在偏遠之地，隨時暴露在颶風或乾旱的威脅中，有時候也被自己國家的政府忽視。我很早便意識到，我們產業在這些人們的命運與未來中扮演的角色與責任。這點至今仍是驅使並引導我在工作時所採取的手段。

這本書是在近期的旅途中，於索馬利蘭山區一棵乳香樹前誕生的。陪我到此地的採收者剛切開樹幹，流出的樹脂形成乳白色的水珠。隨著流出的乳香逐漸散發迷人香氣，迎面而來的風讓我一股情感油然而生，那一刻，我感覺自己是偉大歷史延續的見證者，見證了三千年來從未間斷的天然香料採集歷史。嗅聞著新鮮乳香的氣味彷彿令時光倒流，帶我回到早期在安達盧西亞岩薔薇田園中的回憶。猛然間我意識到，從岩薔薇到乳香，我何其有幸，能在三十年間與香氣的歷史傳承者相遇，而這些歷史至少都長達三十個世紀。於是，我想寫的內容變得豁然明朗，如香水原料隨著時代演進的發展、人類至今仍為其奉獻的生命、香氣採集者的所知與傳統，以及原料產地之美和未來的脆弱之處。這份歷史的每一個階段多樣又獨一無二，然而全體卻有共同之處，那就是在令我們痴迷的香水中，人類成果的結晶。最適切的例子，就是我在保加利亞的玫瑰之谷中所明白的：必須採摘一百萬朵玫瑰花，才能製成一公斤的玫瑰精油。

我寫下本書，向全世界的採集者致上敬意。

基督之淚——安達盧西亞的岩薔薇

某年四月午後，在安達盧西亞（Andalousie），拐進位於安德瓦洛（Andevalo）地區的一條鄉間小路，岩薔薇盛開的花田映入眼簾，預告我在探索這片土地與耕耘香氣的人們時，即將體會到的魔幻魅力。八〇年代末，長滿岩薔薇的丘陵景色從韋爾瓦市（Huelva）郊區第一座村莊路鋪展開來。公路兩旁種滿尤加利樹，蜿蜒沒入蓊鬱的枝葉林間，葉片在陽光照射下閃閃發亮。然後又是一座村莊，出現拔地而起的高大橡樹，有如壯麗山口前的哨兵，在豔陽曬得炙熱的大地落下陰影。

從法國驅車一千三百公里後，疲勞反而更加強我對眼前嶄新景色的敏銳。我到安達盧西亞，是要來建造並啟用一組蒸餾器和萃取器。這是我首次深入香料的世界，一切都如此新鮮，無論是這份工作、這片景色，此地的氣味和傳統。我的西班牙語相當生澀，然而我卻必須能夠傳達意思、招募團隊、建構一座小工廠，並籌備供應的原料。這份工作的挑戰在於，要能滿足岩薔薇萃取物的大量需求以供香水調製，充滿不確定性。

這個春日，丘陵處處染上大片白色，彷彿在安達盧西亞的陽光露臉之前，才降下一場超現實的大雪。三月和四月之間，岩薔薇會綻放花朵。這些白色花朵外觀近似罌粟花，如棉紙般纖弱，只能維持兩、三天。我踏入這片如畫的花田，枝葉緊密繁茂，難以前行。岩薔薇高度與我相當，有時甚至更高，植株泛著光澤。花期一開始，植株便會分泌樹脂，也就是大名鼎鼎的勞丹脂，整個夏季都會覆滿嫩葉，使其免受高溫炎熱侵害。丘陵上飄散醉人的氣味，尚不如七月間那般濃郁，但已足夠令人魂牽夢縈。這些膠狀物質氣味強烈且黏性高，而它的香氣溫熱，近乎動物氣息，持香力強大。岩薔薇萃取物於香水中無所不在，其琥珀氣息是東方香調不可或缺的元素。勞丹脂是嬌蘭（Guerlain）傳奇香水「蝴蝶夫人」（Mistouko）中的主要配方，是一九一九年推出革命性的「柑苔調」，前所未見地結合花香調、異國與辛香料氣息。岩薔薇花朵本身沒有氣味，單純是視覺饗宴，共有五片花瓣，黃色的雄蕊位於中心，每片花瓣的根部皆有一抹胭脂紅，安達盧西亞人稱之為「基督的眼淚」，岩薔薇花朵就是當地的自然遺產。

我在安達盧西亞領會的重要體驗將佔據我接下來的生命，驅使我前往任何香氣所在之地。植物的香氣在歲月漫漫的大自然中誕生，這距離香水產業還非常遙遠。香料來自大地，經過採收、轉變、運送，以及一連串謎樣的組合，最後才成為玻璃瓶中的靈藥。香氣開展的序曲，就是驚喜與愉悅的短暫片刻，是賦予這些萃取物自我表達的小小瞬間。這是樹膠的香氣，是花朵的纖弱之美，亦或是進入單一植物王國的感受呢？那個春日下午，我踏上香氣與情感之旅，再也沒有真正歸來。

我還記得荷瑟法（Josefa）。某個夏季午後，在滿山遍野的岩薔薇間，這位吉普賽家族之母正指揮女兒們熬煮勞丹脂的步驟。她在夏日的安達盧西亞爐火旁，頭戴草帽、手裡拿著長叉，在熬煮岩薔薇嫩芽的大盆旁忙得團團轉。她的衣服上沾滿樹膠，面孔被燻得灰黑，見我到來便高聲喊道：「喂，老法，你的西班牙語進步沒啊？」我們提到烈日加上爐火的炙熱令人難以忍受，然後說到她正在為我準備的樹膠。「你們付給我們的錢少得可憐，總該用巴黎的香水補償一下吧？什麼時候要給我香奈兒啊？」她笑嘻嘻地對我說。在她口中，香水概括代表她無法想像的奢華世界；而她的一字一語，都表達出岩薔薇熬煮人與香水之間的差距，同源卻遙不可及的兩個端點。

膠薔樹（*Cistus ladaniferus*）是自然生長在地中海沿岸的灌木，從黎巴嫩到摩洛哥皆可見其蹤跡。在酸性土壤上，它們很快便佔領荒蕪之地。由於這些地帶非常適合膠薔樹生長，植株分佈之廣可達成千上百公頃。過去可在塞普勒斯（Chypre）和克里特島（Crète）見到岩薔薇，如今則在安達盧西亞西南部，田野延伸至葡萄牙，生長在軟木橡樹林間。

勞丹脂是他們最早用於香水的香氣原料之一，公元前一千七百年的兩河流域泥板上就已提到勞丹脂。古埃及人也早已認識這項原料，並將勞丹脂與乳香和沒藥混合焚燒。古代採集勞丹脂有一段美麗的故事。克里特和塞普勒斯放牧田野間的山羊群在晚間歸來時，毛皮上會浸滿岩薔薇樹脂，牧羊人用梳子收集後便可作為火種。後來使用有細皮革條的耙子收集勞丹脂，揮甩耙子後再用刀子刮下膠狀物。結束田野造訪後，衣服上還沾黏著樹膠，我喜孜孜地想像塞普勒斯牧羊人晚上就著火堆，刮下皮革條上的樹膠揉成小球，那就是線香的前身。

在荷瑟法和吉普賽人的介紹下，我發現樹膠的製作過程仍然非常辛苦，必須使用鹼和硫酸。勞丹脂原本是薩拉曼卡（Salamanque）戰前的特產，戰後轉往西班牙南部，岩薔薇疆域拓及艾斯特雷馬度拉（Esstrémadure）和安達盧西亞，最後終於在伊比利半島靠近大海處停下腳步。

安德瓦洛是威爾瓦腹地的一部份，鄰近葡萄牙。這片土地是歷史悠久的礦場，古代開採錫和銀，十九世紀起則產黃鐵礦和銅。不過八〇年代間，位於里奧廷托（Riotinto）的礦場關閉，不久後，該地區只留下被鐵礦染紅的河流，地名則被全世界最大的礦業公司力拓礦業（Rio Tinto）保留下來。這片地區只留下一大片含金屬的土壤，有時給人尚在挖礦的震動錯覺，以及刻苦耐勞的鄉下礦工文化。這片土地傳統深厚，其根源緊密連結起周圍人口。礦場、狩獵、馬匹、佛朗明哥歌舞，鋪著石板路的白色村莊年年聚集前來朝聖的人潮，為這裡的生活注入真正的社群感。

古斯曼鎮（Puebla de Guzmán）是我們選擇安置廠房的村莊，位於威爾瓦腹地的十字路口，便於集合所有原料。採礦生活留下巨大的露天深坑，僅剩烏鴉的嘎叫聲迴盪其中。生產知名「黑蹄火腿」（pata negra）的伊比利豬飼養正是源自此地；在加的斯（Cadix）、赫雷斯（Jerez）或此處訓練的馬匹，週末時會表演遊行；狩獵生性喜歡在岩薔薇丘陵築巢的鷓鴣；早上在酒吧享用淋滿橄欖油的烤麵包；男女老少都會跳「賽維亞那斯」（sevillanas），而且少不了歌手與吉他手吟唱撼動人心、代表安達盧西亞靈魂的佛朗明哥曲（cante flamenco）的慶典。

我雇用十來個村中工人組成團隊，他們很高興在礦場關閉後還能找到工作，於是組織傳承工人文化的團體，也包含工會運動。安達盧西亞人極富傳統，也是重情義的夥伴。整地工程一年後，工廠開始生產作業，工房前堆積如山的成捆枝條在陽光下映著光線，靜待搗壓與蒸餾。廠房可聞到鄉間傳來遙遠的岩薔薇香氣，散步的人從公路遠眺工廠，對於自己的村莊從礦場轉型為香水業很是驕傲；以岩薔薇萃取的產業取代黃鐵礦開採，他們的土地確實不平凡。

帶我認識此地區的男人名叫璜．洛倫佐（Juan Lorenzo），是名養豬人與農業管理者，就是他讓我們得以安排枝條和樹膠原料給我們的工廠。璜．洛倫佐是道地的安德瓦洛人，集農民、養殖者與獵人身分於一身，他沉默寡言、熱愛家鄉，也很瞭解岩薔薇。他頭戴棒球帽，眼神清澈，擁有一雙務農的手，是這片地區的完美化身，我聽懂他的安達盧西亞腔調後，我與他度過許多愉快的時光。他住在藏身丘陵冬青櫟間一座美不勝收的農場，礦場道路的盡頭隱約可見白色的房舍，他養了幾匹馬，以及上百頭血統優良的豬隻。在橡樹林間放牧的日數決定未來的火腿品質。八〇年代末，「橡實火腿」（jamón de bellota）尚未有今日的名氣，是當地近乎祕密的農產，以橡實賦予肉質和油脂的獨特滋味征服造訪者。

璜．洛倫佐漸漸帶我認識當地產業。「普埃布拉」（la Puebla）向來是無邊無際的岩薔薇產地的中心。若任其生長，植株可超過兩公尺高，莖部會形成堅硬的木質，據傳統，麵包師傅會將它作為麵包烤爐的柴火。此地近數十年來，景色反映了均衡發展的混合農業典範。岩薔薇生長在蓊鬱的橡樹林中，而橡實則在冬季滋養豬隻。太老的岩薔薇會拔除，改為種植小麥或燕麥。隔年，岩薔薇再度回歸荒蕪之地，在兩三年間就會重新形成一片均勻的嫩枝。這種管理方式很適合此地區農場動輒數千公頃的大型產業，土地所有人是塞維爾或馬德里的富人或狩獵協會。此地區的野味遠近馳名，勞丹脂也在其中扮演重要角色：岩薔薇叢可供山鶉或野兔藏身，冬青櫟橡實的附近也絕對有野豬的蹤影。

不過依照璜．洛倫佐所言，勞丹脂才是吉普賽人的強項。他們很久以前便在安達盧西亞定居，歷史久遠不可溯，吉普賽人從北印度和巴基斯坦，數百年來沿著某條道路移居到遠方，歷史鮮為人知，命運多舛，最後在此地落腳。安達盧西亞這一帶有數個人口眾多的吉普賽村落，採集岩薔薇並生產樹膠。幾年後，我到保加利亞種植玫瑰時，又認識了該地區的吉普賽村落。在歐洲的另一頭，被保加利亞人稱為「茨岡人」（Tsiganes）的吉普賽人，在玫瑰生產過程中的重要性不亞於安德瓦洛製作樹膠的「吉坦人」（Gitans）。

雖然身處歐洲大陸的兩端，吉普賽社群的存在與角色卻有驚人的相似性。這些從流浪轉為定居的家族，與當地文化產生連結，而當地文化也進入吉普賽人的生活模式。吉普賽人安靜不賣弄地保留自身歷史，當我問及過去時，他們總以玩笑話輕鬆帶過。他們從何時開始生產樹膠？他們的父執輩就已開始，我們永遠不會知道答案。當地「熬煮樹膠」的活動顯然相當晚近，約莫上個世紀五〇年代才開始。長久以來，人們沿著塔霍河（le Tage）採摘岩薔薇，然後才移動至歐洲岩薔薇分佈面積最廣的南歐。在歐洲西邊採集岩薔薇，在歐洲東邊則採集玫瑰，既是邊緣人也被邊緣化，無論身在何方，吉普賽人似乎都是採集者。人們往往不瞭解這些族群的功勞，以及他們在這些美妙原料中所扮演的角色。不過吉普賽人會在乎嗎？

身為管理者的璜．洛倫佐必須篩選他的農園中已經可以收割的地塊。和他工作就從一大早開始，先在酒吧喝一小杯濃烈咖啡，麵包搭配橄欖油和當地的乳酪。當然啦，吉普賽人也來了，展開你來我往的討價還價。他們不說西班牙語，而是用安達盧西亞方言溝通，方言中某些字的音節消失，使提議顯得更加強而有力！我們前往幅員廣闊的田園查看，為植株的品質、往來通道與數量評估。如何不花一毛錢就能取得岩薔薇，他自有一套策略，那就是以在種植小麥的田地間的耕種時數作為交換。他熟識此地區所有村莊的家族，由於樹膠是傳家事業，人脈自然不可或缺。他將我介紹給這些家族，我的外國主管身分似乎很有擔保價值。我們以大桶為單位，預訂家族們整個夏天生產的樹膠。

在小路數公里的盡頭，遠離田地之處，一、兩個吉普賽家族取得進入私人農田許可，搭建起夏季生產勞丹脂的工作站。工作站的據點必須靠近水源，最好是夏季也有流水的小溪，溪畔長滿野生夾竹桃。當季的作坊由十個兩百公升的舊油桶構成，一旁必須挖出壕溝，以便在最後的製程匯聚熬煮用水。

剪採枝條是大清早的工作，趕在夏日溫度過於灼人之前完成。剪下岩薔薇看似簡單，但要做得快速精準又不費力，那就是一門學問了。工具是一把厚刃鐮刀，像鋸子般有鋸齒。只取植株該年生長的最上端，帶有紅色的樹膠，仍保有彈性。必須避免砍到太低處的木質化莖部，該部位既難切斷也沒有生產價值。經驗豐富的採收者的動作令人歎為觀止，他們一把抓住數株岩薔薇，然後用鐮刀迅速割下嫩芽，快狠準。一把把的莖部就放在地上，直到數量足夠捆成一束。採收者的腰帶上有細繩，可將成束岩薔薇捆起。採收者在早晨的陽光下彎著身子，在田野中前進，然後用乾草叉將成捆的枝條放上由驢子拖拉的雙輪車，很像法國許多鄉村收成乾草或糧食作物的儀式，然而這份景色五十年前便從法國消失了。此地的農民生活絲毫沒有改變，即使岩薔薇比麥子更難收割也無所謂。

二輪車在大油桶附近卸貨。女人負責熬煮岩薔薇，這項工序會直到晚間。她們利用前一次熬乾的枝條當作燃料，加熱裝滿水和鹼的大桶：這些枝條堆在大桶周圍，點火即可。在午後的高溫下，場面相當壯觀，火焰和煙霧在陽光下升起，直到燒黑的大桶內容物沸騰。女人們用大叉子放入當天早上收割的枝條。熬煮一小時後，枝條和葉片上的樹膠溶解，這時便可以熄火，取出枝條。現在剩下最困難的步驟，必須由大家長動手。男人穿著短褲和夾腳拖鞋，襯衫沾滿樹膠，他拿起一桶硫酸，徐徐倒入水桶，接著將水桶中的硫酸倒入每一個大油桶中。冒煙沸騰的大桶，隨著硫酸注入，中和桶裡的物質，並使樹膠沉澱。這時桶底出現厚如餅狀的勞丹脂。以木棍攪拌，使勞丹脂流失水分和空氣，直到整體質地轉為奶油狀，呈現美麗的米色。

親眼目睹這些彷彿來自另一個時空的場面，令我著迷不已，在這位外表漫不經心的男人身上，我看見無聲的代代傳承，他們的生命總是艱苦，風險只是命運所帶來的某種遊戲形式。近傍晚時，兩三桶原料送至我們的工廠。乾燥後，樹膠搖身一變成為珍貴的調香產物。岩薔薇的氣味極為強烈，採收者整個夏天全身都沾滿香氣，這份香氣甚至一路伴隨我回到朗德。

吉普賽煮膠人的故事即將步入歷史。熬煮後的水、盛夏的火焰、硫酸和鹼、從頭到尾缺乏安全措施，這一切不可能永遠持續下去。安達盧西亞省份和地區當局逐漸訂定生產法規，現在有些當地公司在擁有安全措施的工房中生產勞丹脂，並回收使用熬煮的水。目前仍有為數不少的吉普賽煮膠人，不過有一天，他們應該會樂於擔任枝條採集者，工作辛苦但薪水豐厚。在岩薔薇田野深處，不久前羅馬尼亞人加入吉普賽人的行列，他們到威爾瓦濱海地帶採收草莓和柳橙，試圖到丘陵地帶，謀求更高的報酬。羅姆人（Roms）與吉普賽人重逢，由於親緣關係已經遠不可溯，他們對原本感人的族群會面也無動於衷了。

璜．洛倫佐經常問我，從他的枝條萃出的樹膠或精油會如何使用在高級香水中。「你會在巴黎或紐約提到我們嗎？」他問道：「你一定要帶調香師到我們這裡，然後我要告訴他們為什麼安德瓦洛是全世界最美的地方。」我故作鎮定地向他保證，然而我沒辦法告訴璜．

洛倫佐實話，我認識的調香師並不比他多……，我的公司位在朗德，遠離格拉斯或日內瓦，我對整個產業的部門和參與者一無所知。我提出幾個品牌名稱打迷糊仗，強打精神延續身為法國人的威信。隨著時間過去以及工廠的好成績，一些調香師來到小鎮，璜．洛倫佐為此非常感激我。在現場，他的眼神明亮，帶著乾淨整潔的帽子，為我們驚嘆不已的訪客擔任煮膠站和採集者的嚮導。到了晚上，自家農場的火腿更讓他成為大明星。

古斯曼鎮在每年四月底的朝聖活動「Romeria」名聞遐邇，敬拜守護者「岩洞聖母」（Virgen de la Peña）。從我初抵此地就聽說過朝聖：數以萬計的朝聖者從安達盧西亞各地湧入，還有上百位騎士，這是小鎮的驕傲，也是其存在的理由。認識璜．洛倫佐一年後，他邀請我正式參加朝聖，必須穿著安達盧西亞傳統服裝並且騎馬整整兩天。當天的慶典一早，男女騎士們集合，綿延數公里列隊爬上丘陵，沿途都是岩薔薇，終點是山頂上的聖母禮拜堂。側鞍騎馬的女人穿騎裝，坐在男騎士後方的女性則身著塞爾維亞洋裝。我跨上一匹安裝馬鞍的駿馬，頭戴平頂帽，身穿灰背心，還套著皮革綁腿，感覺自己像是古裝劇的主角。我跟著璜．洛倫佐，我們的隊伍離開主道路，繽紛多彩的車隊在尤加利樹和岩薔薇之間的小徑靜靜前行。聖母像一年只會露面一次，由十二位經過重重嚴格選拔的獲勝者搬出，這份榮耀有時必須等上十多年呢。隨著時間流逝，小禮拜堂的廣場聚集上千人，當聖像搬運者終於現身時，虔誠的氣氛也達到最高點。

淚水、祈禱、歌聲，人們想要觸摸聖像，我們的隊伍幾乎難以前進。整個過程對我而言極為震撼且超現實。過去幾個月我接觸到所有零碎的文化片段與當地生活，在這場超越日常生活和時間的壯麗慶典中有了意義。我在岩薔薇中的經歷將我帶到此時此刻，有如最終成果。

我們終於成功接近聖像。聖母端坐寶座上，莊嚴的雕像穿著華麗的服裝，被抬至肩膀高度。深紅色的外衣上有金色刺繡，帶著一大朵岩薔薇，燦爛醒目。金色枝條的末端是大片的白色花瓣，美麗的中心有五點紅斑，這就是「基督的眼淚」。

我的內心激動無比。丘陵最高處，聖母外衣上的花朵就是活生生的證明，體現夏季岩薔薇田間的迷人氣味，當空氣顫動，葉片上的樹膠在陽光下晶瑩閃亮，好似一層假想金屬薄膜，浮現自灼燙的安德洛瓦產礦之地。

藍色乾草——

上普羅旺斯的薰衣草

「我從小就認識薰衣草，然而……這麼好的氣味我從未聞過。」在納伊（Neuilly）以鋁和玻璃建造、鋪著厚厚地毯的辦公室裡，調香師法布里斯（Fabrice）正細細評估。他手中拿著細長的試香紙，末端浸入一小瓶精油。他將試香紙在鼻下緩緩來回移動，放下後又拿起，不發一語。試香紙好比小瓶子和鼻子之間的橋樑，是調香師的基本工具，也是抹上肌膚嗅聞之前的第一步。我觀察他對我剛帶來的新樣品聚精會神的模樣。生長於格拉斯的法布里斯是著名調香師，也是天然原料的專家，經常在巴黎和心愛的家鄉兩地奔波。他的個性靦腆，因此不多話，但是淡藍色的眼珠總會在遇見新香氣的驚喜時發出光芒。在納伊，他隸屬我們公司的高級香水開發團隊；在格拉斯，他則要評估進入我們實驗室的新香調。無論是新的植物或新的萃取法，法布里斯就是一切構思的嗅覺鑑定人。在我眼前，他的桌上滿是小玻璃瓶，每天由機器秤重混合數十款實驗品，調配他無數進行中的專案。

無論單獨或團隊工作，調香師總是同時研發多款香水。他們必須回應「brief」，也就是香氛品牌為接下來準備發行的香水的提案。調香師的配方結構繁複，巧妙結合數十種天然或合成的成分。每一種成分以化學和香氣劃分，座落在氣味輪上，必須隨著季節變化，遵循調香師牢記心底的特定香調。原料品質可能產生的差異，絕對不能使某份配方的設計失衡，這也常常令我的供應工作更加棘手。對天然原料的買家而言，無論氣候是好是壞，品質和穩定度絕對是兩大必要原則。調香師在客戶要求下，必須多次修改最初的提案想法，最後才能爭取到案子。挫折和失望是他們的日常，至少與雜誌和大眾加諸在調香師頭銜上的光環不相上下。

法布里斯為Diptyque、Réminiscence或l'Artisan Parfumeur[1]等高級香水品牌創作而聞名。他發揮巧妙結合天然香料的天分，使他在Paco Rabanne、Jean-Paul Gaultier或Azzaro等品牌中也廣受歡迎。在感知體驗方面他惠我良多。我沒有真正的學徒經驗，即使在這個行業中打滾多年，感知對我而言始終有點虛幻又難以捉摸，不過我還是有點基本概念的。在田野和工坊中，感受某種花朵香氣是偏綠色還是甜美香調，在新鮮精油中辨認出沸騰的氣息，熟悉偏聯想性的字彙，而非僅停留在字面上的描述。人們會使用金屬、腐植質、雨水、剛割下的牧草、畜欄、有鹹味的皮膚、嶄新皮革……等名詞來形容氣味。法布里斯傳授給我一份珍貴的知識，讓我能夠帶著上山下海。這天，他和我聊到薰衣草，這種大家再熟悉不過的花朵，卻總令人不禁想要重新認識。普羅旺斯的七月豔陽下，薰衣草散發的香氣或許是大家最熟悉、

1 譯注：臺灣目前譯為「阿蒂仙之香」。

最易於感受的，讓人想到夏天、衣櫥、清新的淡香水。薰衣草是法國人最喜愛的氣味，是普羅旺斯的象徵，南法和地中海的香氣。在耀眼奪目的廣闊藍天下，花田的色彩變幻不定，並非真正的藍，也不是真正的紫，而是隨著一天當中不同時刻和方位的陽光，以及花田的面積不斷細微地變化。現在世界各地皆有種植，然而這片土地才是薰衣草真正的深深紮根之處。即使物換星移，薰衣草仍是具代表性的法國香氛農產，深受眾人喜愛，人人都認得出薰衣草的氣味。

法布里斯提到這些穗狀花朵時，雙眼閃耀的光芒和普羅旺斯口音，讓我想到上普羅旺斯的天空：「美麗的薰衣草的香氣清新明亮，充滿生命力，散發白色織品帶有的潔淨和陽光氣味。」我們倆都知道，如今保加利亞成為香水產業的薰衣草精油供應巨頭，導致法國產量下滑。對普羅旺斯之子而言，是難以接受的殘酷現實：「我常常收到保加利亞的產品，不過大部份的氣味都很單調，帶有蕈菇氣息，接近霍克福乳酪。今天你帶來給我的薰衣草氣味明確又高雅。這份樣品是哪裡來的？」於是我如實告訴他，普羅旺斯的生產者如何不計代價挽救受國外低價競爭者威脅的法國薰衣草，以及我與傑侯姆（Jérôme）的相遇。傑侯姆從三年前開始栽種一款全新雜交種，並且滿心期待地問我，是否能將他的樣品推薦給我們的調香師。法布里斯非常喜歡：「太好了，我很想瞧瞧這個新品種……」當下我們就決定，一起南下，前往馬諾斯克（Manosque）參觀傑侯姆的薰衣草田。在放滿知名作品的層架上，法布里斯在瓶瓶罐罐旁放了幾張在格拉斯採摘茉莉、晚香玉和玫瑰的老照片。還有一張照片是雙輪馬車上的老式薰衣草蒸餾壺。這位調香師之子自認是這份悠久歷史的傳承者與重要的一份子。身處巴黎的法布里斯多少感覺遭到放逐。

身為普羅旺斯之子，對我而言，前往馬諾斯克彷彿重溫孩提時代在南法的假期回憶，房子中所有櫥櫃都是薰衣草的香氣。我的祖母在迪涅（Digne）讀小學，經歷了二十世紀初薰衣草精油的全盛時期。只要說起往事，她就會冒出普羅旺斯口音；薰衣草在她口中，有如復活節的橄欖枝或糖漬水果。一九一四年大戰前，上完倫理課後，當地小學的教師總會要求孩子們幫忙父母種植薰衣草。小小的家族使命，其實是為了整個地區的產業發展。當然，馬諾斯克也是偉大作家尚．紀沃諾（Jean Giono）的天地，他在《普羅旺斯》（*Provence*）一書中，描寫真正薰衣草來自呂爾山（montagne de Lure）山麓的高地，是上普羅旺斯的靈魂。舊城區位於阿爾卑斯山和普羅旺斯之間，就在放牧綿羊，佈滿石塊，強風吹拂的貧瘠之地。二十世紀開始的數十年間，薰衣草養活了整個省份。迪涅和馬諾斯克充滿耕地與蒸餾壺，也是精油交易市場的天下。紀沃諾寫道：「採收時期的夜晚香氣瀰漫，遍地收割的花朵就是夕陽的顏色，裝設在桶罐旁的簡陋蒸餾壺在夜間吐著紅色火焰。」

不過薰衣草蒸餾的歷史更加久遠。古代時，這些地區的牧羊家庭已開始用鐮刀，在普羅旺斯的野生園地「Baïassières」，採收山腰上一望無際的野生薰衣草。保存至今最古老的蒸餾壺，可追溯至十七世紀。一八五〇年起，薰衣草精油的需求量大增，蒸餾法因此轉變並推廣開來。移動式傳統單壺蒸餾器取代了田邊的簡易小型蒸餾壺，跑遍鄉間的每一個村莊，受農人所託，蒸餾他們帶來的成捆花束。這些傳統蒸餾壺是普羅旺斯省份生活中的一部份，時間長達近一個世紀，由驢子拖拉、配備銅製大槽的兩輪馬車逐漸被卡車取代，然而功能不變。一八九〇年左右開始大面積種植薰衣草，是為了產業需求而做出的必要回應；由於第一次世界大戰造成山區人口死傷慘重，野生採集者不敵這項轉變。我祖母的弟弟朱利安於一九一五年死於索姆河戰役，年僅二十歲。祖母絕口不提此事，寧願聊聊和薰衣草有關的回憶就好。

由於人工種植，帶著穗狀小花的薰衣草漸漸離開山區，香氣也發生變化，不僅做出來的精油失去了少許靈魂，也可以發現它們的氣味沒那麼細緻了。這就是廣受歡迎的代價：在薰衣草經歷一百年間與格拉斯香水業崛起的緊密連結後，該城鎮的創業家們與其香水品牌大獲成功，這與薰衣草的興盛密不可分。一九二〇到三〇年代是薰衣草的巔峰，是格拉斯也是天然原料的黃金年代。知名品牌如 Schimmel、Lautier、Chiris，直到六〇年代為止，都參與了格拉斯的歷史。為了鞏固對精油的需求，所有品牌皆在上普羅旺斯建立蒸餾廠，薰衣草因此使格拉斯成為世界香水的首都。

法布里斯和我抵達馬諾斯克後，我們首先前往瓦朗索爾（Valensole）。第二次世界大戰之前，這片廣大的台地僅是一片碎石地，偶有橡樹和松樹林、綿羊放牧地，並種植扁桃樹。二月花季時，台地上的扁桃樹美不勝收，不過每三年總會有一年的收成毀於冰霜。扁桃過去是價格低廉的農產，我的祖母回憶，受僱敲開果核的女人們，會收集工作的副產品，也就是碎果核，用來取暖。這些扁桃仁主要供應牛軋糖製造商，我和祖父母前往南法，在蒙特利馬（Montélimar）購買牛軋糖時，總會想到這些女工。二戰前夕，當地少數幾位有先見之明的人，想到在台地上耕作的計畫，據說一九三八年，瓦朗索爾引進的拖拉機，可是開法國農業先河呢！一九五〇年起，人們在這片平坦荒蕪的腹地上，看見大規模種植薰衣草和小麥的機會。不出幾年，扁桃樹被拔光，數千公頃的土地清除碎石，瓦朗索爾從此被無邊無際、飄散香氣的田園覆蓋。

半個世紀後，大多數訪客似乎沒有發現，一切都變了。瓦朗索爾明信片中象徵性的薰衣草（lavande）田園，現在已改種醒目薰衣草（lavandin），真是出乎意料。醒目薰衣草是薰衣草的近親，為兩個薰衣草品種的雜交，產量更大也較耐病蟲害，七〇年代起便征服台地，佔地為王。其精油價格較薰衣草便宜，即便明顯帶有樟腦氣息，仍在業界成為極具優勢的天然原料。醒目薰衣草應用在各式與香氛有關的產品，如去污劑、洗衣精和洗髮精。薰衣草和醒目薰衣草的名字因錯誤而被混為一談，並且刻意維持此錯誤，以免令觀光客失望。兩種植物極為相似，必須有點經驗才能辨別：薰衣草的莖較短，顏色偏藍，擁有傲人的歷史和細緻優雅的氣味；而醒目薰衣草，則是工業美妝產業不可或缺的原料，如今本地所見絕大多數的栽種和裝飾皆由此品種構成。想要找到真正的薰衣草，就要前往海拔更高處，到薰衣草的發源地。

在迪朗斯河谷（la vallée de la Durance）和韋爾東峽谷（le gorge du Verdon）之間，每年

七月，數千公頃的土地開滿薰衣草花，是全世界獨一無二的夢幻奇境，無垠的濃烈色彩，蜿蜒起伏的淡紫色和紫色延伸至地平線盡頭，與蔚藍色的天空融為一體。七月中醒目薰衣草田採收時，人們日以繼夜地工作，拖拉機開進淡藍紫汪洋的壯觀景象，留下一道道修剪過的淡綠色草束。收成的花朵直接吹進稍後充當蒸餾壺的集貨櫃，並在不遠處接上蒸汽進行蒸餾。緩緩穿過這片壯闊的色彩，法布里斯和我由一條橡樹林間的蜿蜒小路爬上台地，直到旺圖山（le mont Ventoux）和巴儂（Banon）之間，抵達傑侯姆的農場。這裡由於海拔的限制，遠高於醒目薰衣草的地盤，普羅旺斯薰衣草得以繼續存在。傑侯姆是農家子弟，非常開心能在他家田園收成期間的七月早晨接待我們。傑侯姆的薰衣草田有如一條條飽和的藍紫色緞帶，在金黃色和白色相間的碎石層上鋪展開來，蜜蜂嗡嗡作響，作物佔領整片谷地，還能看見宏偉的旺圖山絕景。一陣輕風送來正在地勢較低處工作的採收女工的聲響。法布里斯和我相視片刻，共享這份無比的寧靜感受。

「我知道這種植物曾經代表這裡的人。大家常常忘了這一點。」傑侯姆對我們說，身為格拉斯之了的法布里斯點點頭。這位年輕男子選擇繼續種植薰衣草，深信市場能夠分辨這種精油優於保加利亞的產品，法布里斯的造訪對他而言別具意義。他通過有機認證的過程，並以高品質和奢侈品為賣點，剛剛才投資一間新的蒸餾廠。他以多樣化的產品為賭注，如鼠尾草、百里香、永生花，尤其是特選高級薰衣草。近三年來，他是種植新品種的先驅之一，也就是我在巴黎拿給法布里斯的樣品，是眼前這位自豪的精油農場主人為我們展示的珍寶。傑侯姆的產品是我們公司專屬，他的投資和擇善固執正在得到回報。在農場上方，我們沿著稜線行走，田園遺世獨立，有點隱密，視野開闊，可望見遠處的阿爾卑斯山，我貪婪地將一切景色盡收眼底。我們看見他的地塊，二十道花田綿延在山坡上，迷人的藍色幾何，在遠方谷地一片單調的綠色農田中尤其耀眼。「薰衣草幾乎成熟了。」傑侯姆搓揉嗅聞穗狀花朵，一邊說道。純粹富深度的氣味，毫無樟腦氣息，傑侯姆審慎地說：「你的薰衣草散發山風的氣味，這就是特別之處。」調香師在一列列薰衣草間大步走來走去，獨特的藍色眼睛已然飄向阿爾卑斯山，他完全沉浸在薰衣草的世界，他的鼻子正將心思切換至創作模式：「薰衣草在香水產業中已經不流行了，不過這個香氣能夠重現精油真正的細膩度。」法布里斯想到，可以將薰衣草運用在某個案子的「後味」（finale）。傑侯姆隱藏不住接待調香師、想像心血結晶裝進某個品牌香水瓶中的喜悅之情。現在就剩下份量的問題了：傑侯姆能夠製造出足夠產量，用於新款香水配方嗎？這兩位充滿熱情的普羅旺斯人，彼此的文化如此接近，對話的語彙超越時間，採收者和調香師之間真真切切存在著默契。在巴黎，一幅廣告正火熱宣傳法布里斯為 Azzaro 創作的最新款香水，但是在這裡，他優游在薰衣草叢間，專注並決心在田野之美中找到新點子的關鍵。遠離人人知曉其名氣的香水圈子，他仍繼續和傑侯姆譜寫上普羅旺斯的悠久香氣史。身為農場主人和調香師之間的擺渡人，或許這就是我努力的真正意義，我甚至不敢以這份職業自居。

旺季時，蜂群採蜜的聲音相當喧鬧。在身旁的獨特美景環繞下，法布里斯漸漸藏不住情緒了。在這片山區，耕作者也是風景的製造者，法布里斯如此向我們解釋。有了薰衣草、橡樹林和蜂箱，他夢想回復一百年前這片土地的樣貌，也許還要拯救整個產業傳承。色彩與氣味，風送來靜謐的高海拔交響曲。在祖父的土地上，傑侯姆並不允許自己沉湎過去。在他檢視預期的收成後，我們在農場裡交談數小時，我會買下他所有的產品。幾個月後，他的薰衣草在法布里斯為 l'Artisan Parfumeur 設計的精彩新作品中成為主角。從「Bucolique de Provence」香水中，法布里斯告訴我，他試圖營造普羅旺斯的風景印象，而傑侯姆的薰衣草為他帶來靈感和火花。

在山區頑強抵抗的薰衣草，在台地上蓬勃生長的醒目薰衣草，往昔上普羅旺斯的穗狀小花，如今分別走上不同的命運。那天近晚時分，我們再度穿越台地。經過瓦朗索爾小鎮後，數輛觀光巴士在人行道旁停靠，二十對身穿結婚禮服的男女走下遊覽車，踏進超現實的歡宴。中國女人身披白紗，手持陽傘，笑著走進淡紫色花朵的行列間，手上還拿著手機拍照。幾年前，中國電視劇《又見一簾幽夢》的男女主角在普羅旺斯完婚，共有兩億觀眾收看；今日，中國觀光客前來體驗真正的醒目薰衣草田園，他們自拍、採集花束、在藍紫色穗狀小花的背景前微笑。醒目薰衣草成為上普羅旺斯的現代農業象徵，如今也敞開雙臂，在白色和淡紫色難以置信的組合中，迎接現代觀光浪潮。

隔天，我們回到傑侯姆的農場，和他一起沿著橡樹林散步，我的腦海中浮現《種樹的男人》（*L'homme qui plantait des arbres*）。這是尚．紀沃諾在一九一三年動筆的短篇小說，平鋪直述地描寫海拔較高處的單調荒蕪之地，只有野生薰衣草在此地生長，一名牧羊人走遍這片土地，口袋裝滿橡實，利用金屬桿充當拐杖。這個男人在這些荒地上獨自播種，紀沃諾描述最後成就的森林，也是這塊土地變化的起源，從藍色薰衣草到淡紫色醒目薰衣草，扁桃樹再也不見蹤影，然而觀光客越來越多。這個地區往後又會變成什麼模樣呢？

闖入這片高地，有助於相信紀沃諾的字字句句，以及他對這個地區的遠見，這裡對觀光遊覽車而言有點太高，無法抵達。有了橡樹林和薰衣草，傑侯姆就是這份歷史的繼承者，雖然他生產精油不再是野生的，不過製作出來的香水仍是獨一無二。薰衣草就生長在樹林旁，適得其所，這裡正是大步走遍荒地的紀沃諾夢想中的願景。

來自四方的花中之后——

波斯、印度、土耳其、摩洛哥的玫瑰

我曾與香水用玫瑰工作二十載，這種玫瑰在數千種觀賞用玫瑰中，是與眾不同的存在。我曾是花朵種植者、蒸餾者、研究者，也是精油採購者，前往許多國家，找尋沿著古老的絲綢與香料之路紮根的玫瑰。在眾人的想像中，玫瑰就是香水的化身，沒有玫瑰就沒有香水產業。古代人以所有你能想到的形式崇拜玫瑰，如新鮮或乾燥的花朵、香油、增添香氣的噴泉和葡萄酒。隨著時代推演，其中一個玫瑰品種成為製作香水專用的玫瑰：原產於伊朗設拉子（Shiraz）的大馬士革玫瑰（Rosa damascena）。這種玫瑰從波斯順著知名的世界之路，抵達中世紀的地中海商業重鎮大馬士革，最終由十字軍帶回歐洲，命名為大馬士革玫瑰。波斯人在八世紀左右發明玫瑰水，使往後八、九百年間的世界，讓玫瑰香氣從中國飄散到歐洲，直到十七世紀時印度發明玫瑰精油，才讓玫瑰得以加入香水中。

我的記憶在這些來自世界各地的玫瑰間飄忽遊走。無論是短暫相遇或長居某處，我總是著迷於深吸當地的空氣，感受歷史中沙漠商隊從遙遠的設拉子帶回玫瑰種籽，在此落地生根。所有我曾造訪玫瑰的地方，從鄉間山區到沙漠邊緣，它們是如此迷人，地位好比公主，單獨種植在園子裡。玫瑰生長之處總是有流水，白楊樹、胡桃樹或果樹環繞、隨風搖曳，一旁就是麥子或紫苜蓿田野，燕子飛舞、夜鶯鳴唱，採摘玫瑰的年輕女孩總是不禁將花朵插在秀髮間。在園丁悉心照料下，早晨深吸玫瑰清香，日日都能嗅聞從蒸餾壺流出的精油香氣。每年春季，玫瑰熱鬧綻放整整三個星期，舉目皆是嬌嫩的粉紅色，然後靜息，進入休眠。

波斯人深愛玫瑰，一千多年來，玫瑰一直是波斯歷史與文化的一部份，也深植人民內心。我首先來到玫瑰的搖籃設拉子向其致敬，設拉子是玫瑰和夜鶯之城，向來同時出現在波斯詩詞中。後來在匯集世界所有辛香料的伊斯法罕（Ispahan）市集中，我找到乾燥的玫瑰花苞，顏色深濃接近紫色，融合著花朵與乾草的氣味。商家也販售多種傳統瓶裝或玻璃瓶裝的玫瑰水，貼上各色標籤爭奇鬥豔。在伊朗製造玫瑰水的首府加姆薩爾（Qamsar），我見到數十位樸實的生產者，他們在就自家前院以簡陋的銅製小型蒸餾壺蒸餾花朵。玫瑰水的配方古老且單純：混合鮮花和水煮至沸騰，冷凝流經冷水而取得的蒸汽即可。蒸汽捕捉水溶性的玫瑰精華，使收集到的水芳香馥郁。圓滾滾玻璃瓶的壺嘴上，有時會漂浮薄薄一層金色不溶於水的精華，是高品質的象徵。伊斯蘭文化中，玫瑰水無所不在，是淨化的泉源，用於清洗雙手，也會澆淋在房屋或清真寺的牆面。在伊朗，玫瑰水是日常生活的一部份。

我越過伊朗高原，這是一片風積而成的礦物之海，遙遠的彼方是一道道藍色山峰，種滿開心果樹、石榴果園，以及緊鄰棗樹的泥磚村莊。從北到南，玫瑰種植令我驚豔不已，宛如沙漠中綴以鮮花的綠色緞帶，高海拔與乾燥氣候令花朵色澤更加飽和。種植在超過兩千公尺的高山上，玫瑰植株的莖部生滿花苞，在高海拔的風中寂靜地搖動。

沙漠小徑的盡頭是片漫漫荒漠，我在類似綠洲的地方遇見了玫瑰種植者。晚上在營火旁啜飲著茶，我意識到，除了茶壺旁的小收音機，這地方從沙漠商隊以來幾乎沒有改變。劈啪作響的火堆旁，棗樹上有一隻鳥開始婉約啼叫，顯然那是隻「bolbol」，也就是夜鶯。超過千年前，夜鶯在波斯各地的花園邊鳴唱，芬芳的純露在這片土地的血脈中緩緩流動。

一段美麗的故事描述玫瑰精油的誕生，四百年前，玫瑰精油加入香水世界。一六一一年，在印度北部的阿格拉（Agra），蒙兀兒皇帝賈漢吉爾（Jahângîr）慶祝與美麗又充滿智慧的波斯女子努爾．賈漢（Nûr Jahân）成婚。努爾公主聽從母親的提醒，在為宴會賓客準備的熱玫瑰水池表面注意到一層金色的油，因此發現了玫瑰精油。她將珍貴的精油獻給丈夫，丈夫寫下：「這種香水氣味濃郁，只要在掌心一滴，就能滿室生香，彷彿無數花苞同時綻放。沒有任何香氣能與之匹敵，玫瑰能夠撫慰人心，重振心靈元氣。」

距離阿格拉和泰姬瑪哈陵三小時的路程外，我在一座除了幾顆電燈泡，似乎從蒙兀兒王朝時期就沒有改變過的蒸餾廠巾，尋找玫瑰精油的蛛絲馬跡。這座泥磚建造的大型農莊裡，人人身著纏腰布和頭巾，赤腳工作，一位蒸餾工人跪在銅製大槽上，正用手捏緊作為蒸餾壺接合處的黏土條。竹管以繩索編織連結，紋理繁複，簡直是藝術品。精油匯流到精心打造的銅壺中，存放在清涼的黏土牆造的房間。他們將乾燥牛糞，丟入蒸餾壺下的火焰裡作為燃料。這些與泰姬瑪哈陵同時期建造的蒸餾廠，帶有某種近乎玄祕的莊嚴感。火焰彷彿向玫瑰精油的發現者賈漢吉爾與努爾．賈漢，獻上肅穆的敬意。

在土耳其，我負責看顧一間生產玫瑰萃取物的工廠好幾年。厄斯帕爾塔市區（Isparta）周邊有五十座村莊，三〇年代起穩定生產全國香水用玫瑰。土耳其人耗費近五十年，才重獲那些讓因鄂圖曼帝國在保加利亞獨立後失去的玫瑰，保加利亞曾是蘇丹最鍾愛的玫瑰之地。我還記得阿赫麥德（Ahmed），他是我們在河谷地區偏遠村落的玫瑰中間人。山坡上精心照料的玫瑰植株地塊，彷彿掛在麥田和杏桃樹間的織毯。胡桃樹旁的農家房舍以石頭和木造夾泥築起，女人們編織、下田，男人們在咖啡館裡談天說地、悠閒抽菸，喝茶玩骰子。阿赫麥德的倉庫是以藍色石灰漆粉刷的小空間，有一張桌子和一支秤。牆上掛著土耳其國父穆斯塔法．凱末爾．阿塔圖克（Mustafa Kemal Atatürk）的褐色肖像，頭戴羊皮高帽，淡色的眼珠銳利如狼，他在二〇年代於厄斯帕爾塔建立大型合作社和蒸餾廠，才再度帶動玫瑰產業。阿赫麥德邀請我到他的木板露台上共進午餐，並為我介紹他最小的女兒。桑古兒（Songül）應該有十歲了，名字意思是「新生的玫瑰」。她的眼神堅定，我明白她體現了土耳其人延續往昔蘇丹刻意耕耘庭園的決心，以及鄂圖曼人在這片土地上蒸餾這些「花中之后」的驕傲。

摩洛哥南方，在設拉子的另一頭，面對阿特拉斯山脈，大馬士革玫瑰每年四月盛開。已經沒有人知道這些玫瑰來到此地的年代和原因，並在此繁茂興盛。三〇年代末，法國殖民者於斯拉奈格堡（El Kelaâ）村鎮建立兩座花朵萃取工廠。他們發現，農民在作物周圍種植玫瑰當作圍籬，還會摘取花苞，乾燥後用於漢娜彩繪。這些沙漠中的工廠雄偉壯麗，因而保留下來，靜靜坐在碎石和沙塵上，安身於龐然的防禦沙堡「ksar」內：後者是圍繞工廠建物的巨大天井，牆頂帶有垛口和角樓。

從此處可望見阿特拉斯山的美景，從工廠俯瞰整片蓊鬱的作物，低處有河水流過。數年間，我曾造訪此地監督我們工廠的農田，那段體驗宛如潛進光陰之河，停留期間幾近虛實難分。萃取機在工作間，巨大的黑色鑄鐵轉輪形似大型洗衣機。工廠建造五十年後，一切仍保留原狀，重油加熱的大鍋爐有如巨型保險箱。舊式採購花朵和生產的手寫記錄，瓶身上不復存在的公司名稱，以及當年的傢俱，氣氛依舊停留在五〇年代。

我們離開工廠，準備前往玫瑰藩籬時，谷地的兩條河流沿岸都是花園，就像沙漠裡最奢侈華麗的鑲嵌畫。隨著季節更迭，河水經過小運河，流入小面積的豆田，周圍滿是玫瑰和果樹。大清早，身穿柏柏服、以披肩和帽子遮蔽臉部防曬的年輕女孩，挽著花籃，沿玫瑰藩籬移動，並靜悄悄地採摘看似野生的玫瑰花。這片田野中，不時可看見矗立的沙堡輪廓，這些堡壘過去是傍水而建的。紅土或黃土建造的沙堡是沙漠的建築，在陽光下令人心醉神迷，但全都荒廢了。若屋頂破損，沙堡就會在雨中逐漸崩塌。感傷的景色，一如仍屹立在伊甸園般飄渺景致中的廢墟，泥土和麥桿也不情願地逐漸崩解，只有鳥鳴和淙淙水聲會攪動這份寧靜。清風吹過柳條間，路過的孩童推著前方的牛隻，年長的女性跟在後方，頭上頂著一大包紫苜蓿，年輕女孩則離開田野，帶著採下的玫瑰花前往秤重站。

偶爾我會想，大馬士革玫瑰曾經在這片絕美的綠洲逗留，然後才抵達保加利亞，成為該國的象徵。

希普卡的鳥兒——

保加利亞玫瑰

與保加利亞玫瑰的初次接觸是在一九九四年，距離柏林圍牆倒下和共產政權殞落還不滿五年。當時我前往參加保加利亞國營企業 Bulgarska Roza 舉辦的國際研討會，那是全國唯一的玫瑰精油生產者與販售商。保加利亞中央的卡贊勒克（Kazanlak）是花中之后玫瑰的古城，參觀玫瑰博物館是推薦給罕見的外國訪客的首要行程。

距離市區不遠處的國有玫瑰研究院，缺乏現代化資源，有點吃力地維持一個小團隊，負責農藝、芳香植物種植，特別是經營博物館。那是相當特別的參訪體驗，一名多疑的女性管理員不情願地打開冷清的場館，帶我們進入顯然少有人跡的地下室，幾個潮濕的房間，努力描繪出保加利亞之花長達四個世紀的輝煌歷史。完全廢棄荒蕪的一切令人百感交集：一系列老照片上，是一八六〇年最早的蒸餾廠與成排燒柴的小型傳統蒸餾壺，也有首批重要出口商驕傲地展示實驗室與在維也納、巴黎或倫敦香水沙龍展獲得的獎牌。手寫記錄顯示世紀初谷地各村莊的精油產量。我發現向來用於出口的鍍錫銅製圓形小扁瓶「konkum」，以布和保加利亞國旗顏色的細繩紮起，加上戳印蠟封條，送到買家手中。博物館展示一件兩百公升的罕見「konkum」，是獨一無二的物件，即使五十年來已經一滴不剩，仍持續散發玫瑰香氣。隨著參觀行程進行，也逐漸揭開黃金時期的歷史，然而蒙上灰塵的展示品令人悵惘。保加利亞導覽員並不多話，她是否真心為世紀初的資本主義感到自豪？保加利亞玫瑰精油的首批英雄，是十九世紀末的企業家，但是一九四七年共產主義成立，徹底終結他們的命運。參觀的後半部，她的話變多了，高談闊論二戰後的輝煌年代、廣闊的田野和大型拖拉機、編列成隊的採花工人、現代化，以及國營工廠。參觀的高潮是七〇年代玫瑰節的攝影展，特別是一系列玫瑰皇后的肖像。博物館沒有更多收藏了，彷彿時間在此停止。關於我對目前精油生產狀況的提問，導覽員的回答既武斷又模糊。當時有三間國營公司，生產全世界最優質的精油，因為保加利亞仍是玫瑰種植與蒸餾的佼佼者，我不忍心問她，為什麼保加利亞玫瑰從國際市場與調香師的配方裡消失，被土耳其精油取代。

博物館販售小手冊，解說保加利亞種植香水用玫瑰的歷史，有助於瞭解這項長達數世紀的傳統何以成為國家的遺產。河谷種植玫瑰源自十七世紀。鄂圖曼帝國對玫瑰水和玫瑰精油的需求與日俱增，加上不想只依賴波斯，即大馬士革玫瑰的搖籃，也是一千年來生產玫瑰水的起源。十五世紀中葉，蘇丹穆拉德三世（Murad III）委託園丁，指定在愛第尼省（Edirne）的城市卡贊勒克發展玫瑰栽種，以便供應位於君士坦丁堡的皇宮。這就是卡贊勒克命運的開端，後來將近三世紀，成為全帝國玫瑰產品的來源。一八八〇年，他亟欲成為現代玫瑰精油的發明者，因為他們已制定雙重蒸餾的技術，製造出如今調香師熟悉且持續使用的精油。保加利亞玫瑰經歷六十年享譽全球的名氣一直到二〇年代，博物館努力保存這段黃金年代的細瑣回憶。

卡贊勒克的博物館訴說兩段歷史。一段是整整一世紀的顯赫榮耀，香水界無人不知曉卡贊勒克谷的玫瑰；另一段則是令人動容的今日，試圖掩蓋屈辱的衰亡殞落，而我即將體會到這段歷史。

卡贊勒克的破敗狀態令人痛心。城市曾賴以維生的大型兵工廠在蘇聯解體後不再運作，數百名工人流落街頭。面對灰暗建築物的欄杆，城市周圍荒蕪生鏽的工廠，以及史達林式混凝土展覽館，這座城市僅剩下幾幢廢棄的十九世紀土耳其式華美房屋，還有街道上的椴樹。唯有六月時節椴樹花朵的甜蜜香氣，才能讓人聯想到卡贊拉克六十年前身為全球玫瑰精油首府的美好時光。

最初造訪保加利亞的記憶，仍深植我心。研討會完全不切實際，一切都是為了說服零落的外國與會者，國內的精油產量如日中天。會議的演出經過精心安排：參觀不堪使用的工廠，當天早上點燃鍋爐製造蒸汽感，臨時受雇的一日工人組成團隊，手忙腳亂地假裝正在蒸餾幾袋鮮花。當天結束時，Bulgarska Roza 的負責人說些關於國際友好之類的場面話，為國家民族之間的情誼不斷敬酒。某天晚上，在前高階主管朱可夫（Joukov）位於谷地高處山毛櫸林間的獵熊居所，餐後宴會辦得有聲有色。保加利亞人是南斯拉夫人，是喜愛飲酒跳舞的地中海民族。隨著夜越來越深，傳統歌謠取代協商，而且歌聲越來越響亮，直到我發覺整個民族都在歌頌他們的歷史。賓客眼中滿盈的淚水，並不全是因為保加利亞的拉基亞酒，眼淚也表現了玫瑰子民受創的自尊，以及他們從未經歷卻埋藏心中的耀眼過往。

Bulgarska Rozs 的前蘇聯高官緊跟著我，或許經過判斷，認為我在參訪者之中是較有潛力的買家。九〇年代中葉，玫瑰精油的生產幾乎停擺，而蒸餾出的極少量精油，則送到索非亞中央實驗室（Laboratoire centrale de Sofia）的地下室，那裡有如國寶，存放各個年代的玫瑰精油。整個體系的運作，在技術和經費方面都全然不透明。玫瑰精油的數量、品牌和半公開的販售成為流言和幻想的話題，而實驗室的狀況，也讓他們花上許多年才步上軌道。

我想看看工廠和田野，這份要求固然麻煩，不過我們最後如願以償，當然，條件是在導遊的陪伴下。薇瑟拉（Vessela）被指派給我，她是會說法語的年輕工程師，對於母國，她的腦袋可是非常清醒。她在專門研究精油的實驗室工作，收入微薄；由於父親擁有在國外工作的許可，孩提時代她在摩洛哥度過幾年。她對法國很熟悉，非常渴望為復興玫瑰盡一份心力，然而她也很明白，唯有改變現有體制才可能實現。大學時期，警察曾暗中接近她，提議讓她接受菁英培訓。她知道那是成為間諜的踏腳石，便鼓起勇氣說不，從此當局便處處注意她。薇瑟拉堅定尋求前往西方國家的門路，靜待時機，而我們相遇的時間點恰到好處。研討會期間，她沒有按照要求，反而選擇告訴我國內玫瑰生產的真實情況，多虧有她，我也瞭解到只要提供一切所需，就能讓這個國家再度流出玫瑰精油。回到法國後的我，深信必須在保加利亞投資並成為生產者，最好能搶得先機。但是，外國公司進駐玫瑰谷，正是當地保加利亞人最不希望發生的事。

我雇用薇瑟拉，她為我引見尼可萊（Nikolaï），一位專攻玫瑰種植的農學家，顯然失業中。尼可萊並不多話，但非常友善，餐前總會喝一小杯拉基亞酒放鬆，讓他願意開口談論玫瑰，那是他瞭若指掌的話題。該在何處與如何種植、玫瑰偏好的地形、良好的日照、依照風向安排玫瑰植株列的坐向，最重要的是，他擁有規劃數百名鮮花採收工的經驗。這兩人是最理想的搭檔：尼可萊是寶貴的技術人員，總是低聲碎念焦慮不安；薇瑟拉果敢積極，擅長訓練各種人和逆轉不利情勢。他們在青少年時代，和集體採收期間全國上下的中學生一樣，曾採收番茄、甜椒和玫瑰。後來，玫瑰田逐漸無人聞問，因此玫瑰植株變得病懨懨。我們一起投入種植、建立蒸餾廠和生產精油，而我們的共同默契，就是挽救保加利亞玫瑰的浪漫野心。

第一次採收蒸餾令我永生難忘。一九九五年，當時外國人絕不可能收購工廠或成立公司，唯一的解決之道就是：租下一間因缺乏資金而停止運作的國有蒸餾廠。尼可萊是我們的人頭，如此我們才能冒險進行蒸餾，條件是要找到鮮花，並且僱用當地技術團隊三週。不出我們所料，人們相當抗拒。第一年，警察以我的外國人身分為由，禁止我進入租來的蒸餾廠，理由是保加利亞的技術獨一無二，是最高機密。為了保護這項高度機密，兩名警員輪班守在入口，即使我們釋出善意，蒸餾全程我都不得其門而入。我們找到的蒸餾廠已經五十年沒有運作，必須先驅趕母雞，讓用來加熱鍋爐的老舊蒸汽火車頭重新運轉。至於銅製傳統蒸餾壺，它們歷久彌新，而且仍散發些許玫瑰香氣。尼可萊找到可收購採摘的玫瑰，集合一支摘花工人團隊，同時間，薇瑟拉說服幾位蒸餾老手為我們工作。這些人通常是無業、無財產，卻緬懷盛產精油的美好年代的女性。她們決心盡全力工作，成功生產二十公斤的精油，完全超乎預期，至於場地和人力，一切都掛在尼可萊名下，全體都是保加利亞人。將精油出口至法國是一場硬戰，不過薇瑟拉化險為夷。我們不但成功了，而且在小小的玫瑰圈子中，我們的創舉猶如投下震撼彈。我們剛剛突破了壟斷企業的一角，大家都感覺一切和之前不一樣了。不過薇瑟拉卻收到威脅，被官方玫瑰組織稱為祖國的背叛者，這些阻撓手段持續了兩三年，直到漸漸出現經濟自由化的跡象才停止，而保加利亞人也在發展中的新公司找到定位與利益。

五年之間，整個國家產生極大變化，處處都有新組成的私人集團，等著收購國家釋出的產業。俄國黑幫的事業觸手伸進保加利亞各處，不過玫瑰領域太小，不足以吸引他們的注意力，也無法滿足他們的胃口。二〇〇〇年某日，我們到一座人口以茨岡人為主的小村莊參觀一間蒸餾廠，位於卡贊拉克東邊，就在流經玫瑰谷的登薩河畔（Toundja）。這個地方美不勝收，足以作為保加利亞的宣傳看板，仙境般的田野和森林，鳥兒和綻放花朵的野薔薇。工廠固然全然荒廢，但是有十座巨大的傳統蒸餾壺，櫻桃樹、胡桃樹和椴樹的遮蔭下還躲著一棟房子。工廠為數百隻燕子提供庇護，我們買下工廠並徹底整修，燕子顯然很滿意，繼續住在這裡；每年五、六月間，牠們就是玫瑰田的一部份。

要讓蒸餾廠運作，就必須有玫瑰花，很多很多玫瑰花：至少三公噸玫瑰才能製成一公斤精油，也就是一百萬朵手工摘取的玫瑰花。若完全仰賴收購玫瑰花，不僅事情更複雜，風險又高，於是我們種了一百公頃的玫瑰。入冬後，必須動員兩三百位村民，不過他們也很開心能夠有點工作。氣候寒冷，男人隨身帶著一瓶拉基亞酒，許多上了年紀的女人則賣力工作，用鋤頭耙土覆蓋植株，年輕人則負責運來石塊。從來沒有任何地方讓我有如此強烈的感受——翻土，竟然是創造香水的根基。天氣極冷，女工的雙手被巴爾幹半島的冷風凍得發紅。我的腦海中再度浮現在岩薔薇國度酷熱難耐的日子，想著這些任勞任怨工作的男男女女，令難以比擬的香氣得以誕生。剛冒出土壤的幼苗必須以枯葉覆蓋四、五個月，隔年才會開花。其中，許多工人會回到這裡採收玫瑰，有些則忙著填裝蒸餾廠中的蒸餾壺。由於遠離都市，沒有政府補助金和兵工廠的就業需求後，這些保加利亞村莊便在貧窮中掙扎，致使採摘玫瑰、收成櫻桃等季節性工作變得搶手。

我們的玫瑰田長出來了，在河谷平緩的山坡上，佔地十五或二十公頃。第二年就首度開花，第三年已經有一個成年男子高，很快地就是花朵採收季。有了這些玫瑰，我們也成為玫瑰谷偉大歷史的一部份。河谷綿延一百公里之長，此地由於土壤鬆軟、海拔適中，尤其氣候合宜，條件得天獨厚。春季夜晚涼爽，清晨總有濕氣和露水保護花苞，以免陽光照射而過早綻放。

一般而言，採收鮮花是玫瑰田周圍村莊的事。許多村莊以茨岡人為主，保加利亞約有一百萬茨岡人，超過總人口的百分之十，是複雜難解的議題。茨岡人生活在社會邊緣，而這種生活方式究竟是出於自願還是被迫，一直是爭論不休的話題，在保加利亞和其他國家皆然。保加利亞的主要人口自認是斯拉夫民族，是色雷斯人（les Thraces）的後裔，他們對茨岡人沒有好感，也不認同他們是「保加利亞人」。眾多玫瑰谷的茨岡社群仰賴採收和撿拾花果維生。蕈菇、洋甘菊、當季水果，當然還有玫瑰。二十年前，採摘原本是村民和女人的事，他們也是出名的好手。隨著時間過去，村莊人口外流，現在主要依靠茨岡人採收。這種工作必須清早起床，從六點工作到中午。採摘高手一個早上就能收成四十五公斤，共三大袋，每袋有五千朵用拇指和食指一一摘下的玫瑰花，這些男女老幼採花時總是閒聊或唱歌。某個女人高唱曲調哀傷的歌謠，她告訴我，她是俄國移民，她唱的窩瓦（la Volga）歌曲是祖國的回憶。冬天她也在田間工作，但不會唱歌，因為天氣太冷了，現在她是為玫瑰而歌唱。茨岡人分成小組採花，年輕人輕佻愛開玩笑，女孩會在秀髮間戴上玫瑰花環。玫瑰植株列的盡頭是小馬拖拉的雙輪車，馬兒掛著一顆象徵幸運符的紅毛球，等待裝載貨物。人們將裝滿鮮花的透明塑膠袋放上馬車，花朵在袋中逐漸升溫，越快送往工廠，越有利於精油的產量。

玫瑰田的管理者是尼可萊，處處可見到其身影，他必須管理數百名採花工，規劃團隊並將他們分配到各列。茨岡人愛來不來，視每日的天氣而定。下雨的日子，人人都猶豫：工作起來一定很不舒服，但是淋濕的花朵較重，每公斤可以賺得更多錢。花季全盛的日子，無數粉紅色斑點在陽光下盛開，是難得一見的磅礡景色，安排採收進度則是一大挑戰。清晨七點，花苞就會逐漸「打開」，成為一片花海，務必在入夜之前完成採收，否則隔天尚未採收的玫瑰顏色就會淡去，鮮黃的雄蕊發黑，陽光也會令一大部份的鮮花精華蒸發。

每隔三天就是發薪日，所有玫瑰田都會有秤重站，最好設在胡桃樹下。停在樹下的汽車裡有許多現金，私下武裝的保全先陪同尼可萊到銀行，然後在不遠處看守。現場一片悄然，緊張氛圍不言而喻，人人等著輪到自己，手中握著秤重券，低聲交談，尼可萊則緊緊盯著負責數錢和綑鈔票的女人的手。

每年五月二十日左右，工廠就會進入生產旺季，薇瑟拉主導蒸餾。她招募一支團隊，三個禮拜期間日以繼夜地工作，就地而眠。每一次的產季都是全新挑戰，玫瑰必須準時送達，絕對不可短缺，裝袋的玫瑰備用，以免填裝蒸餾壺時浪費時間。這幾個禮拜間的氣氛亢奮刺激，工廠繁忙的簡直像蜂巢，薇瑟拉就是女王蜂。穿梭疾飛的燕子在這段日子中陪伴著我們，產量高的日子裡會更加吱喳興奮。一名蒸餾工負責一條生產線，也就是與四座蒸餾壺連接的柱狀蒸餾器（colonne）。蒸餾塔是生產精油的核心，此處由經驗豐富的女人負責，她們對於在國有工廠關閉前所學到的技術相當自傲。來自玫瑰田的卡車抵達卸貨，一袋袋鮮花堆在蒸餾器旁，每次都倒入三十五袋準備好的玫瑰花。操作方面，茨岡年輕人將花朵倒入銅製大鍋的開口。蒸餾壺蒸汽氤氳，工廠充斥濃郁的蒸餾玫瑰香氣，混合花香和辛香料氣息，幾乎帶有胡椒氣味。剛完成的精油帶有熱燙青澀的氣味，必須靜置數週，「煮沸」的氣味才會退去，展現獨特芳香。

整個白天人們都忙著蒸餾，若還剩下當日採收的玫瑰，那麼就必須連夜趕工。百忙之中，有時候會送來的鮮花數量實在太多，必須增加倒入大鍋的裝載量，或是縮短蒸餾時間。這項決定相當困難，會影響精油的產量與品質。

每天早上都會舉行精油自然油水分離（soutirage）的儀式。蒸餾管線一路接到一個名為「佛羅倫斯」（florentin）的大型蓄槽中，這是香水界使用的傳統器具，可取得漂浮在水面上的精油。佛羅倫斯瓶是最終儲放蒸餾精油的容器，單獨藏在一個空間裡，進行分離時，我、薇瑟拉、尼可萊，以及蒸餾廠負責人奈麗都會守在房內。我們撈取二十四小時內蒸餾的萃取物，眾人靜默無語，奈麗在佛羅倫斯瓶的閥口下放一個大罐子。蠟封條是出自十九世紀的防護措施，確保流出精油的閥口轉頭沒有被動過手腳。不出幾分鐘，蓄槽上方出現金色液體，上升至玻璃管。壓力肉眼可見，從此刻開始，一切都極其重要：精油的帶綠色反光的淡黃色、澄澈度，當然還有份量。精油開始流出，緩緩注入奈麗抱在懷中的厚重玻璃罐，香氣瀰漫整個空間，馥郁醉人。沒有人想改變這道手續，因為這有點像是保加利亞玫瑰的歷史日日在此重演，對在場的所有人而言，此時此刻的熱血奔騰不亞於籠罩我們的濃烈氣味。同樣的手續、同樣的儀式、同樣的寧靜，長久延續至今。我們油水分離出四大罐精油，人人臉上露出微笑，當天的產量很理想。不過更重要的是，剛剛完成了名副其實的「煉金術」，始於冬季的田野，將泥土變為鮮花，接著是採摘和蒸餾，最後玄祕地從花朵變成金色液體。奈麗懷中抱著的精油價值等於一塊金條，重達四百萬朵手摘玫瑰。

秤重過濾後，剛完成的產品將放入小保險庫，一如另外幾批精油。旺季進入尾聲時，出口計畫保持機密。多個十公斤的鋁製汽油桶運往索非亞機場，整座工廠只有薇瑟拉知道表訂日期。破曉時分，一輛小卡車前來載貨，同樣有兩名武裝保全陪同，直奔機場。頭幾年由於風險太高，我們不得不聲東擊西：一輛載滿空桶的汽車先出發，兩小時後才讓另一輛運送昂貴商品的車輛上路。

六月中旬，旺季告一段落，同時間，東邊的薰衣草田正要開花變藍。團隊全體在房舍的露台上慶祝採收結束，我們享用保加利亞乳酪，樹上的櫻桃，還有隔壁村莊的草莓，當然也少不了拉基亞酒。筋疲力盡但又無比驕傲的尼可萊深吸一口香菸，他累壞了。結束採收的茨岡人跳上兩輪馬車，沿著工廠用力揮手，他們要去河邊釣魚。這是我們的第二年旺季，薇瑟拉回憶最初在卡贊拉克與警察的對峙，而一切都不一樣了。自此之後，二〇〇〇年中，保加利亞玫瑰開始再度百花齊放，玫瑰谷到處都有新種下的植株，還有重啟或全新的蒸餾廠。

由於歐盟提供補助，大量資金進駐，新加入的生產者一如保加利亞：黑幫藉此洗錢，地產開發商以為可以賺快錢，過去的國有企業成員轉到私人企業。不過也有目標遠大的年輕企業家，以及些許真心熱愛這份產業的保加利亞人。

這段時期後，我不再當生產者，轉為精油買家。每次經過保加利亞，我都會造訪我的玫瑰田，與薇瑟拉和尼可萊一起吃頓飯。我也會去探望菲利普（Filip），他原本是競爭對手，後來成為我的供應商之一，是充滿熱忱的生產者，繼承一個流傳保加利亞玫瑰獨一無二歷史的家族。菲利普的工廠位在卡贊拉克近郊的小鎮，是創立於一九〇九年的艾尼歐．邦切夫（Enio Bonchev）蒸餾廠，當年在國內規模最大。為了滿足格拉斯調香師與日俱增的需求，玫瑰谷以配備大容量蒸餾壺和蒸汽鍋爐的大型公司為中心組織起來。艾尼歐．邦切夫是這批先驅者之一，其公司營運相當成功，直到一九四七年新政權將一切國有化。停擺不久後，由於周圍環境頗富田園風情，工廠得以保留，想要將其轉型成博物館。一九九四年在研討會上認識菲利普和他的父親時，他們為了返還原物經過漫長訴訟，才剛贏得官司。由於父子倆是該產業的唯一代表，而私人精油生產仍有待成立，國營公司的高層對兩人投以懷疑的眼光。

多年來我們是競爭對手，現在則是工作夥伴。菲利普為玫瑰著迷，帶領家族公司成為業界領頭羊。他保留工廠具有歷史意義的銅製傳統蒸餾壺，將它們安頓在部份年歲同樣悠久的大樹下。他的小博物館也展示輝煌年代的美麗相片，並讓室內保持涼爽，將豐收日的玫瑰倒在地上等待蒸餾。菲利普認為自己肩負記憶和教育的責任，他向路過的觀光客販售裝在美麗小木瓶中兩三公克的真正玫瑰精油，咒罵那些在索非亞以真正玫瑰名義販售的合成產品。身為將天然產品銷售至全世界的新生代生產者，對於那些摻假或稀釋精油的傢伙，他簡直怒不可遏。自古以來就有這種不老實的壞蛋，因為玫瑰精油真正價格堪比黃金，早在一千九百年前，就有人在玫瑰精油中摻入價廉的天竺葵精油，當年的報紙就有業界所謂的精油「摻假」為標題，大肆報導這件醜聞。假貨到處流通，化學進步使得辨別真假更加困難，僅剩的最寶貴手段，就是生產者和買家之間的信任。

玫瑰谷的時間流逝得特別緩慢，一個世紀以來，這片景致並沒有太多變化。十九世紀時，許多西方旅行者的紀錄描述他們穿過希普卡山口後，谷地映入眼簾時的激動之情，走下谷地時，出現銀色絲帶般的登贊河，然後是蒼翠的胡桃樹林，淡綠色的玫瑰園，最後是在玫瑰之間穿梭的採花者。薇瑟拉和尼可萊繼續種植玫瑰，每當我造訪，總能聊起許多回憶。

十五年前，我們在卡贊拉克附近知名的希普卡村莊發現一塊很不錯的地。這裡就是一八七八年保加利亞人為了爭取自由與土耳其人的最後戰場，俄國當時支持保加利亞游擊隊。一九〇二年，一座東正教教堂拔地而起，紀念殞落的士兵。教堂俯瞰平原，金色洋蔥圓頂從森林探出頭，金燦絢麗。尼可萊著手耕地，而且我們相當喜愛這座教堂下數公頃的玫瑰景色。某個冬季清晨，我們一起沿著一列列剛種下的幼小玫瑰插枝散步，突然間他轉向我，帶著保加利亞式溫柔的正經態度，說要送我一份特別的禮物，然後從口袋裡掏出四個一模一樣的花苞。他在拖拉機經過後，整理地塊時發現的。這些花苞曾經屬於俄國士兵，在此地靜靜等待了超過一百二十年。

不久後，正值採收期的六月初，尼可萊和我在拂曉時分一同造訪這片種植地。玫瑰田如詩如畫，山谷的大片斜坡披上一片粉紅斑點之海，花苞正要開始綻放。當陽光照射到玫瑰叢時，冒出零星的鳥鳴，接著越來越大聲，最後遍及整塊田園。鳥兒的歌聲彷彿在激勵仍沾滿露水、逐漸盛開，靜待採收的玫瑰。場面非常動人，然而我很驚訝竟然連一隻鳥都沒瞧見。一陣寂靜後，尼可萊靠近我，悄聲說道：「我們聽到的並不是鳥鳴。那是在這裡死去的士兵在歌唱，以免被人們遺忘。」

卡拉布里亞的佳人——

雷焦的佛手柑

佛手柑[1]（bergamote）是一種被小看的水果，三百年來，果皮中所含的高雅精油，可是讓香水界無法自拔。佛手柑產於地中海中心，沿著西西里島對面的卡拉布里亞（Calabre）海岸生長，這片土地的歷史源遠流長，早在三千年前便出現在荷馬史詩中。我在二十多年前首度造訪面向美西納海峽（détroit de Messine）的卡拉布里亞，為佛手柑而來。當時，正值十三歲的兒子剛讀完《奧德賽》（*l'Odyssée*），他讓我回想起尤里西斯（Ulysse）的艱難考驗，對抗卡律布迪斯（Charybde）和斯庫拉（Scylla），他們令人聞風喪膽，看守海峽不讓任何船隻通過，這兩個虛構的海妖一部份也表現了這段航道的險惡。我的兒子也剛贏得射箭比賽的冠軍，因此對尤里西斯的神射手兒子鐵拉馬庫斯（Télémaque）很有興趣：從保加利亞、摩洛哥到馬達加斯加，我已踏上的旅程逐漸滋養他的想像力。當時我正準備踏上這片奧德賽史詩勝地，被兒子視為探險家的爸爸與荷馬的史詩英雄之間的連結，光是如此就足以讓我們互開玩笑。不過在真實生活中，他的尤里西斯爸爸其實是去談生意，收購佛手柑和檸檬的精油，一個禮拜後就會回家。

1　編注：原文正確翻譯應為「香檸檬」，外型如梨形，與佛手柑為不同種的植物。由於過往此字常被誤譯為佛手柑，導致目前多數人較熟悉這個名詞，也更容易想起對應的味道，故此處仍以此示之。

卡拉布里亞的歷史俯拾即是，首先是訴說佛手柑的家族史。二〇一八年二月的一個早晨，在卡拉布里亞省的首府雷焦（Reggio）海邊的廣場，與我一起散步的男人名叫吉安法蘭柯（Gianfranco），是卡拉布里亞大省最重要的柑橘精油生產者。我造訪此地初次見到他已經是二十年前的事了，當年答應我兒子快去快回，那位外號「鐵拉馬庫斯」的小子。那時是吉安法蘭柯接待我，他的父親總是嚴厲熟練地監控工廠運作。如今，人們稱吉安法蘭柯為「Dottore[2]」，表示對他的工程師學位與成就的敬意。身為土生土長的歐洲義大利卡拉布里亞雷焦人，吉安法蘭柯迷人優雅，既是說故事高手，也是精明的商人，當然，他也是愛家的男人。他是佛手柑家族第四代，管理一八八〇年創立的公司，雖說事業發展蓬勃，不過仍由家族經營。吉安法蘭柯最引以為傲的就是一對雙胞胎兒子，擔任他左右手的三十多歲年輕人：第五代已經準備好接棒了。卡拉布里亞和西西里大部份的生產者也都是家族經營，家族姓氏歷經時光，在悠遠傳統中深深紮根，像是Capua、Gatto、Corleone、Misitano、La Face，他們的故事就和檸檬、橘子、佛手柑，甚至茉莉一樣多得數不清。對天然產品的買家而言，在義大利的冬季，也就是收成期間，與生產者會面是理所當然的事。佛手柑是大明星，當然

2 意為「博士」。

要親自跑一趟。

吉安法蘭柯和我交情很好，他能說一口流利法語，也能隨時搖身一變，成為費里尼的電影角色：光靠拿捏得當的眼神、話語和手勢，就能賣出當年收成。每當我要求他聊聊佛手柑的事，他總會從一九〇八年講起。那年的十二月二十八日，雷焦和位在鄰近西西里的美西納，兩座城市被歐洲史上最嚴重的地震摧毀。天崩地裂的搖晃與緊接而來的海嘯，至少造成八萬三千人傷亡，後果無法想像，整個省份夷為平地。吉安法蘭柯的曾祖父母也在失蹤名單上，他們是公司的創辦人。這件悲劇震驚當時的整片歐陸，但是人們不知道，六年後將掀起一場規模更大的腥風血雨。一個世紀後，在雷焦仍能隱約感受到那個日子的記憶，時間慢悠悠地流逝。這座城市彷彿沉睡中，一旁就是義大利最長的壯麗沿海步道，重建後流傳至今。沿途許多挺拔的榕屬樹木已有兩百多歲，它們是海嘯肆虐的倖存者。雷焦卡拉布里亞位於義大利的靴尖，朝向美西納。分隔兩座城市的海峽僅三公里寬，不過連接彼此的羈絆比這道狹窄的海灣更深。吉安法蘭柯也這麼說，大災難的回憶永遠連結起兩座城市，雖然事件已被世界遺忘，卻長存當地家族的記憶裡，特別是他的家族。

遠處的步道盡頭，山頭覆蓋白雪的埃特納火山（Etna）彷彿從海面浮出。火山在對岸的西西里島，就像低調的海岸與名氣響亮的島嶼之間的落差。雷焦的經濟發展依然有些落後，而且缺乏觀光建設，總是羨慕地望著渡輪停泊在對面的美西納，帶來無數觀光客參觀陶爾米納（Taormina）遺跡。若說雷焦蟄伏，那也是帶著自豪，因為這座城市深知自己對香水產業的獨特與不可取代之處。雷焦，是佛手柑的生產首府。

托茶葉的福，佛手柑的名字比這種奇特的水果本身更廣為人知，其外觀近似檸檬，果皮富含獨特的精油。它沁脾而強勁，帶有綠色氣息與花香調，而且氣味鮮爽，而它所做出來的精油無疑是珍寶。果實產自檸檬枝條，與苦橙樹（oranger amer）嫁接雜交，也就是大名鼎鼎的酸橙（oranger bigaradier），其花朵可生產香氣迷人的橙花（néroli）精油，果實則可製成苦橙果醬。佛手柑樹一如檸檬樹和橙樹，十二月到隔年二月結果，果實的顏色淡黃，不若檸檬鮮豔。外型或圓或長，尺寸和形狀不一，佛手柑有出格又特殊的一面，同時暗示了汁液的苦味與果皮的優雅香氣。當然，佛手柑的存在出自阿拉伯人對橙樹的熱愛，更廣義地說，是對柑橘類情有獨鍾。中國固然可說是橙樹的發源地，然而將苦橙樹以及形形色色的檸檬和橘子一路傳到西班牙的，是八世紀、九世紀和十世紀的阿拉伯征服者，一切都拜他們高超的嫁接技術所賜。選種主要著重裝飾與消遣，像是花朵的香氣、果實的造型、常綠葉片上的深綠光澤。苦橙樹向來是其中最受歡迎的選擇，因為其花香最幽雅，植株的抗性強，從宮殿庭園和清真寺，到地中海沿岸的南方城市街道都適合種植。

將檸檬樹枝條嫁接在苦橙樹上的實驗顯然相當成功，不過實驗結果保密了很長一段時間，很可能是因為果實顏色不夠鮮豔以及苦味。這個新品種以土耳其文「Bey armudi」命名，意思是「王者之梨」。十八世紀時香水界發生一件大事，就是佛手柑崛起的開端。一七〇九年，才華洋溢的義大利人喬凡尼・帕奧羅・費米尼（Giovanni Paolo Feminis）調製出「Aqua Mirabilis」（奇蹟之水），後來由尚—馬利・法利那（Jean-Marie Farina）重新命名為「古龍水」（Eau de Cologne），展開一段結果超乎想像的歷史，三個世紀後依舊風華不減。古龍水是革命性的產品，公認是現代香水的誕生。這款結合芳香植物精油和酒精的液體，帶動清新感和盥洗有關的香水風潮。拿破崙（Napoléon）鍾情香水，除了含有百里香、迷迭香和薰衣草的普羅旺斯精油，佛手柑精油更是他的最愛。有史以來頭一遭，佛手柑不僅展現自身層次豐富的的香調，更扮演強化其他精油個性的角色。古龍水廣受歡迎，佛手柑的需求從此不斷增加。

關於卡拉布里亞種植佛手柑，最早的文獻紀錄是一七五〇年。從那時候起，果園維持在沿海的狹長地帶，始於雷焦略北處，終於相同高度的愛奧尼亞海（mer Ionienne）海岸。這道古老弧線以外的地方，顯然不適合佛手柑生長。西西里是檸檬之地，佛手柑卻長得很差，而象牙海岸和阿根廷等地也曾試圖發展新的產地，但並不成功，尤其是品質。佛手柑幾乎是此地獨一無二的產物，卡拉布利亞不僅引以為傲，更積極放眼未來。

義大利南方的柑橘歷程，由佛手柑和苦橙揭開序幕，在一八五〇年遇上戲劇化的轉折。現代人已經忘記一八三〇年時發現檸檬所含的維他命，是對抗奪走船員性命的罪魁禍首——壞血症——的重要角色。這項發現改變全世界水手的命運，開創全新的海上貿易局面。檸檬的需求量因而大大提升，其中以美國船隻為大宗，至此，最適合檸檬生長的西西里全島幾乎被檸檬樹淹沒，長達兩百年之久。除了新鮮水果，這項農業也發展出香水用的檸檬精油。一八五〇年起，將近一個世紀間，一如格拉斯的香水業，義大利南方也經歷柑橘精油的黃金年代。

卡拉布里亞人很愛話當年，訴說超過一個世紀間，他們如何運用大名鼎鼎的海綿法和竹子法，手工生產佛手柑精油。工人坐在成堆切好的水果前，在固定於大盆中的竹子上摩擦剖半的佛手柑，使精油流出。另一隻手則握著一大塊天然海綿吸取液體，然後再擠壓取得精油。現代工廠中，資深工人依然熟練地操作這項古老的技術。其中一位要我親手試試。手指佈滿汁液，用海綿吸取精油，一丁點都不浪費，我模仿身旁工人的重複動作，果皮的香氣撲鼻而來。一定不能錯過的，是吉安法蘭柯工廠中那些世紀初的照片：畫面上，五十個男人和五十個女人在工廠中相對而坐，有如亨利．福特（Henry Ford）工廠中令人肅然起敬的生產流水線，在大批海綿上壓榨果皮，海綿吸收後再釋出珍貴的綠色液體。一場技術革命將逐漸改變製造過程。十九世紀中，尼可拉．巴里亞（Nicola Barilla）發明可刨下果皮的機器，名字也很響亮，就叫「卡拉布雷斯」（calabrese）。憑藉效果絕佳的鑄鐵刨刀、巧妙的機制，以及栗木製的箱子，卡拉布雷斯慢慢成為理想的生產工具，並在一、二戰之間為不斷成長的精油需求提供一臂之力。吉安法蘭柯清楚記得那段時期，但也帶點感傷。「你知道的，卡拉布里亞曾是生產香水的重鎮。除了佛手柑和橘子，我們也有很多品質絕佳的茉莉。還有橙樹開花製成的橙花精油，格拉斯停止生產後我們仍舊持續了好一段時間。貧窮一度是我們的優勢！」他微笑說道。如今一切都變了。再也沒有橙花精油，茉莉田也只剩下幾塊，由另一位精油生產者喬吉歐（Giorgio）忠於父親的記憶而不計代價維持著。總是離不開家族。義大利南方保留檸檬、橘子、苦橙或血橙精油的生產，當然還有佛手柑，面對南美洲和美國的柑橘工業巨頭，已經是一大挑戰。

柳橙、檸檬、青檸、葡萄柚：柑橘精油是香氛和香水產業首選的天然產品。甜橙精油產自佛羅里達州與巴西，尤其以後者產量最高，是柳橙汁工業的副產品。果實榨汁完畢後，果皮以戳刺或蒸餾方式萃取精油，這些精油的產量完全不能和卡拉布里亞的特產一概而論：數十萬公頃的栽種面積，每年產出高達五萬公噸的精油，是卡拉布里亞佛手柑精油產量的五百倍！阿根廷則制霸全球檸檬市場，西西里精油成為小眾市場，打品質牌存活。柑橘世界中，處處都是競爭：墨西哥、南非、土耳其、印度、中國，全世界都想要新鮮水果，因此種植果樹。身為卡拉布里亞人的吉安法蘭柯密切關注這一切，經過謹慎研究後，放棄在拉丁美洲種植的機會。他深信西西里和卡拉布里亞產品握有一手王牌，足以維持和發展市場，成功關鍵就在於品質、創新、奢華。「巴西生產柳橙汁副產品，我呢，我做的可是香水。」在他口中，這可不只是心血來潮的玩笑話：「我們有優質的果實、風土、古老技藝傳承，還有世界各地的頂尖調香師幫助我們進步。每年入冬後，他們都會到我們這裡聞聞剛收成的佛手柑和橘子，因為他們知道這些果實獨一無二。」

近十年來，我們見證義大利精油捲土重來。動員卡拉布里亞和西西里生產者以回應現今香水業的嚴苛要求，如今獲得回報了。他們利用精密儀器，蒸餾出品質更上一層樓的精油，提供給所有客戶，從飲料品牌到奢華調香師皆有。彼時的當務之急是恢復買家的信心，因為佛手柑的聲譽開始下滑：產量不穩定，價格亦然，品質則有待改善，經常是重組的混合物，越來越偏離純天然產品。劣質精油在市面上的普及，最後降低人們對佛手柑的痴迷，不過在發展果園的農民和堅持品質本色的生產者的努力下，精油產業重振市場，總算讓同業臉上露出微笑。

時值季末，我們前往聖卡爾洛（San Carlo）周邊視查採收，這座小村莊遠離海岸，在義大利半島的最南端。我們一離開雷焦市，放眼望去盡是柑橘果園，多采多姿的品種實在太誘人，一如義大利的特色。高速公路下方的房屋天井中有檸檬樹，小院子種了橘子，大大小小的佛手柑園，果樹新舊錯落，有的低矮並排成一直線，有的則因為地主年紀太大無法修剪而長得太高。我們沿著微微上坡的小路，穿過村莊，與裝滿水果的拖車錯身而過。田野邊的貨箱裝滿飽滿的黃色果實，全家族出動採收，視情況有時也有卡拉布里亞本地人或移民的團隊支援。拖車列要開四十公里前往工廠。此地舉目皆是地中海風情，窗戶的線條，爬到山坡上的小塊田地停在山腳下，冷靜注視周遭的驢子和馬匹，點點黃色的油菜花，綠色葉片在湛藍天空下閃動。我用指甲摳刮果實，果皮散發綠色香氣，清雅馥郁又令人陶醉：一旦把鼻子湊近佛手柑，就再也無法自拔。

大部份的聖卡爾洛農民都是Consortio的成員，那是三〇年代末為了重振產量而成立的大型合作社。合作社不僅存活下來，在吉安法蘭柯的推動下，更成為復興的動力。二十萬公頃的佛手柑果園皆在運作中，如今由於收益誘人，又新增四百公頃栽種地。

吉安法蘭柯的工廠就在雷焦附近，設於Consortio的古老大樓中，直到戰前，此處的精油仍為手工生產。龐大的庫房中，大量果實在輸送帶上緩緩前進，送往名字神祕難解的不鏽鋼削皮萃取機（pellatrice）或冷壓萃取機（sfufamtrice）。果實經戳刺、刮皮、剖半、壓榨後，再分離果汁和精油。第一道精油會經過離心處理以去除水分，接著自然油水分離，最後過濾。佛手柑精油為淡綠色，整間實驗室充滿清香。每一批精油經過分析後，才會與完成的批次混合。身為家族第五代的吉安多明尼克（Giandomenico）和洛可（Rocco）帶我參觀工廠的新設備，他們遺傳了父親的魅力和熱情。我們討論可追溯性、安全性、技術進步，以及投資和現代性等議題，這些都是當代產業的專業用語。他們自豪地向我展示簇新的離心機，它閃亮耀眼，性能是他們父親安裝的機型五倍之強。由於工廠空間不敷使用，公司將要搬遷到新地點，以便提升空間容積，還能眺望海景。

這些地方的寧靜氛圍、精油的響亮名氣，以及生產者的才華，在在吸引參觀者。過去，只有業界買家會到卡拉布里亞與吉安法蘭克和他的競爭者商議買賣，然而近年來湧入不少調香師、行銷負責人，還有一心想要拍下美麗照片的記者。這個領域的透明度和堪稱典範的形式，也引來有意從事永續發展的人。

在沿海有如古老鑲嵌磁磚畫的果園中散步後，我們回到雷焦，與吉安法蘭柯和其中一名兒子的話題轉向收購。我們對佛手柑達成共識，不過卻對檸檬爭論不休。這對父子想要說服我，尚未賣給我們的精油品質有多麼卓越優秀。買家繃緊神經，觀眾目不轉睛。他們你來我往，充滿鬥志，彼此的論點一搭一唱，試圖讓我進一步認同他們的意見。我們不斷嗅聞，摳刮果皮，觀察分析報告，他們起身又坐下，肢體語言彼此呼應。滿懷熱血又極具說服力的農夫和化學家輪番上陣，對我而言，他們是古龍水偉大歷史的真正繼承者。我帶著樣本離開，一切都很順利。

那天晚上，吉安法蘭柯和我搭遊艇到對岸的陶爾米納共進晚餐。他告訴我美西納海峽大橋的計畫，不禁令我們想到荷馬和奧德賽。二十年前，我不願意在見到尤里西斯的記憶之前，抱憾離開這顆地中海的心臟。我來到雷焦北邊的海峽入口處，只為了看一眼屹立於希拉村（Silla）的岩石，心想從《奧德賽》中駭人的形象至今，應該絲毫沒有改變吧。擁有十二顆頭的怪物的藏身岩穴就在懸崖上。荷馬透過尤里西斯逃過卡律布狄斯後卻落入斯庫拉手中的情節，將自古以來沿海居民與水手必須面對的凶險海象化為傳說。這道海峽又窄又深，航行者總是要對付西西里沿岸的巨大漩渦，還有希拉前方的強勁海流。

連接卡拉布里亞和西西里的大橋，在地圖上確實很吸引人，一直以來，支持者和反對者的人數不相上下。這項野心勃勃的吊橋計劃終於誕生，是技術上唯一可以解決水深問題的辦法。由於跨度超過三公里，將會是全世界最長的吊橋。十年前原本要開工建造，不過由於經費和政治因素而中止，吉安法蘭柯向我解釋，長嘆一口氣，他的立場顯而易見。

沒有橋的海峽兩端，西西里人和卡拉布里亞人既是競爭者，也團結一心。載滿檸檬和佛手柑的渡輪在海上穿梭，刨皮和榨汁工廠也在兩地之間往返。在卡拉布里亞這一側，人們希望繼續種植、採摘和榨汁佛手柑。只在此地，不作他處之想。雷焦將保留榕樹的蔭影、歷史和果園，靜靜地堅信越來越多在美西納靠岸的觀光客，會想越海探索卡拉布里亞的美。

從雷焦到美西納的短暫航程期間，難以言說的複雜感受湧上我的心頭。尤里西斯在船上的畫面、一九〇八年的地震、佛手柑的海綿工房的歷史碎片交織著，而吉安法蘭柯就是這些歷史的保管人與講述者。面對這位佛手柑之人，我一度想像這座橋擺脫荷馬史詩中的怪物，終於能在傷痕以外連結起兩座城市，在共享的光明前景中，讓人們、果園以及他們的果實之間更加緊密。

君主與白花——

茉莉，從格拉斯到埃及

「我想做出全世界最頂尖的天然產品，因此我需要業界最優秀的供應者。那就是你。」

二〇〇九年某天，賈克（Jacques）這麼對我說，直視我的雙眼，直接又迷人。他要我加入研發香水的大公司，他本人就在那兒擔任香水大師（maître parfumeur）。二十多年來我一直住在朗德，思考不超過十分鐘，我就接受他的提議了。賈克是業界巨星，香水大師頭銜由香氛品牌授予，僅有極少數人能獲得，這就是他最搶眼的名片。這項頭銜是其職業生涯的表彰，他為香水品牌打造廣受喜愛的指標性作品，如三宅一生、Jean-Paul Gaultier 或 Stella McCartney。香水大師是高級香水界的貴族，其中有人創造出風靡過去二、三十年的知名香水，這份職業結合藝術、工藝與持續努力，而他們就位於巔峰。這是靈感、非理性、熱情，以及帶有一絲魔法的手藝。我們認識十年了，身為生產者和買家，我力求提供他所能找到的最優質原料。機會總是難得，必須精準出手，展現自信。他很快就分辨出最優質的樣品，判定出珍品，評論時也毫不讓步，不斷尋找能派上用場的香氣表現。賈克要我聊聊我的旅程，對於這些描述，他常常補上一句：「我一定要親自去瞧瞧！」他很喜歡原料來源的故事，因此我們很聊得來。由於熱愛天然產品，加上名氣和光環，他得到公司創新實驗室的主管職位，就在他的家鄉格拉斯。我們共事超過三年，有時候我們會一起前往他喜愛的香料原產地。賈克對茉莉情有獨鍾，我們一路跟隨茉莉的蹤跡，這次探索對我而言仍是別具意義的啟蒙之旅。跟著天然物產進入田園、工廠、採集者之手，見證頂尖調香師的感動與選擇，這些獨一無二的體驗就是我工作的意義。我曾觸摸、採摘、嗅聞花朵，傾聽他的敘事，進入他的陶醉、記憶和成見，見證他踏上的道路，抵達香水配方的祕密花園。

對我而言，茉莉的香氣體現了某種類型的極致之美，當花朵香氣傳到大腦時，會立刻啟動幸福喜悅的感受。茉莉令人心神蕩漾，既熟悉又遙遠，挑逗撩撥我們的心思，使人想到地中海庭園的甜美，帶有近乎動物氣息的醉人異國香氣。長久以來，茉莉在香水界的地位一直與格拉斯有關，這座城市至今仍力圖成為茉莉的全球重鎮。格拉斯背後是薰衣草濃烈飽滿的藍，眺望地中海，沿岸是纖弱茉莉的雪白。

卡布里小鎮（Cabris）在格拉斯和坎城上方，有如景色壯觀絕倫的觀景台，天氣晴朗時可以望見科西嘉島。賈克的根源和老家在卡布里，這裡就是他的基準點。他的家族世世代代在此生活，曾祖父是鎮長，祖父和父親都曾在香水產業工作。

二〇一〇年夏天，我們在他的庭園中散步時，他讓我看種在橄欖樹間的玫瑰和晚香玉，以及與整片薰衣草比鄰筆直排列的茉莉。他摘下幾朵鮮花，呈星形的五片花瓣美麗又纖弱，他將花朵集中在掌心，送到鼻子前，閉上雙眼，然後是一陣靜默。他要我深吸花香，溫柔地說：「我很樂意和你一起探索異國的茉莉。不過你也知道，任何地方的茉莉香氣都不會這麼美，這裡的茉莉無與倫比。」他瞇起黑色的雙眼，帶著淘氣微笑，語帶保留地說：「聞聞這個濃度、這個深度、這種層次感！有綠色香氣也有動物氣息，平衡度簡直超凡入聖。不僅如此，它還能為配方中其他天然香料增色不少呢。」對賈克而言，茉莉就是香水界中格拉斯風土的至高象徵。那天午後，他帶我進入他的世界，融合家族文化與個人體驗。他訴說的方式，彷彿親身經歷這段超過一世紀的歷史。談到茉莉，他充滿欽羨和感激地談論他的家族，與我分享激動之情。

大花茉莉（*Jasminum grandiflorum*）來自印度北方，一六五〇年代由阿拉伯人引進西班牙、義大利和法國。整個地中海區域皆種植，茉莉在格拉斯很快便廣受歡迎，十七世紀起佔地十五公頃的花園就是最佳證明。一八六〇年，香水公司紛紛開始轉移到殖民地時，錫亞涅運河（canal de la Siagne）竣工，得以灌溉上百公頃，茉莉也開始快速發展。一九〇〇年收成兩百公噸，到了一九〇五年，已成長至六百公噸，一切在一九二〇年達到巔峰，採收了一千八百公噸的可觀數量。七月到十月的產季間，五、六千名全副武裝的採摘工每天可採收兩萬朵鮮花。凌晨四點和五點之間就要開工，因為花朵在夜間綻放，最優質的茉莉必須在陽光照射前摘取。這份工作如同當時的農村生活，雖然艱苦，偶爾也有快樂的時光，就像某名採收女工強調：「採收常常是義大利人的事，由卡拉布里亞家族進行，當然孩子們也不例外。我們讓他們住在田間小屋，農人會給他們蔬菜。茉莉田園的氣氛充滿歡笑：女工們唱歌、對唱，有時候還有獨唱或二重唱的權利。義大利人活力充沛，大家都很喜歡他們[1]。」

茉莉無法蒸餾，因為精油的產量過低，只能透過其他方式捕捉其獨特香氣。很長一段時間中是使用一種稱為「脂吸法」（enfleurage）的古老萃取法。人們在裝木框的玻璃上塗抹一層油脂後放上鮮花，靜置一至兩天，直到油脂吸飽香氣，接著刮下油脂，以酒精「清洗」，直到獲得稱為「原精」（absolue）的濃縮物質。這些繁瑣的工作由數百名女工執行，在工廠的工作中，她們可是公認的箇中高手呢。茉莉原精很久以前就是香水界的指標性產品，香氣華麗，因此需求量不斷攀升，直到五〇年代。十九世紀末，人們開始以效果更好的溶劑取代油脂，如苯或己烷，這種方法如今已普及化，用於生產茉莉萃取物。

1 席夢・瑞古蒂（Simone Righetti）著，《回憶》（*Souvenir*），2005年9月。

目前的萃取法再也沒有脂吸法的魅力與優美，想到這套古老的製程，賈克立刻精神大振地說：「脂吸法真的很棒，我好希望重現這些手法。一定要保留這個概念，把它現代化。」

茉莉與格拉斯兩者的歷史息息相關。一九三〇年的破紀錄收成量，標示了香水界中天然原料的最高點。本地公司有權勢也有名氣，在格拉斯城市周邊和整個省份發展面積遼闊的花田。產花的橙樹種滿山丘地的梯田，直到旺斯（Vence）和盧河畔勒巴（Le Bar-sur-Loup）附近，工業家在上普羅旺斯（Haute-Provence）興建大型薰衣草蒸餾廠。橙花、玫瑰、薰衣草和茉莉，都是這段長達兩世紀的傳說盛事的要角。十九世紀下半葉，香水界出現新一波進展：許多公司跟隨法國軍隊來到征服的殖民地，試圖在可生產原料的各個國家落腳，尤其是熱帶國家。茉莉就是這趟冒險的一部份，開拓新地盤將帶茉莉來到格拉斯的遙遠彼端，首先是南方，然後是東方。

齊瑞斯（Chiris）公司是這段歷史中最知名的美好過去。七十年間，雷昂・齊瑞斯（Léon Chiris）接著是他的兒子喬治（Georges）在世界各地建立起商行、工廠和種植網絡，影響深遠。他們的公司的擴張程度非常驚人：在阿爾及利亞（Algérie）的布法里克（Boufarik）大面積栽種，並設有蒸餾工廠；在圭亞那（Guyane）、剛果（Congo）、馬達加斯加、葛摩（Comores）、中南半島都有產出，並在義大利北方、卡拉布里亞、保加利亞，一直到中國，都有據點。齊瑞斯對辛香料、精油和精萃的渴求永不滿足，他無疑是最早前往原產地採集、種植與蒸餾者，因為他深知其重要性，以鞏固香水產業的成就。從花梨木、依蘭、岩蘭草、安息香、天竺葵、香草、檸檬草、麝香，所有物產都匯集到格拉斯。三〇年代起，茉莉在卡拉布里亞、摩洛哥和阿爾及利亞栽種萃取，對格拉斯的產量不無小補。那個時代如今僅在摩洛哥留下數公頃花田與卡拉布里亞的一塊田野，阿爾及利亞的生產在七〇年代末消亡。聖潔的白色茉莉其實到了更遠的地方，首先抵達埃及，三十年後來到印度。

《格拉斯香水業的黃金歲月》[2]是一本精彩的書，透過相片，多少還原齊瑞斯豐功偉業的名聲。有些相片的塵土與汗水氣息更勝香水，就像那張老掉牙的圖片，展示剛果工人在檸檬草田裡扛著轎子，戴頭盔的殖民者工頭高高在上，露骨描繪出殖民世界的根基。一九三一

2 愛麗安・貝杭（Éliane Perrin）著，《格拉斯香水業的黃金歲月》（*L'Âge d'or de la parfumerie à Grasse*），Édisud 出版，1987年。

年的殖民博覽會中，喬治・齊瑞斯接待各國首長，享有最高等級的政治禮遇，有如領主。

一九二九年的經濟危機、第二次世界大戰，以及法國殖民帝國衰亡，這些事件的後果為格拉斯的繁榮帶來致命一擊，當地工廠再也沒有真正恢復榮景。

我發現了埃及和印度花田與工房的茉莉，後來就在該地收購賈克使用在配方中的萃取物。某年九月，我們一同前往尼羅河三角洲，參觀地中海對岸的茉莉。

薩耶德（Sayed）是埃及三大茉莉生產者之一。這位熟年機械工程師神情高傲，眼神銳利，同時也是開羅大學的教授，對母國的歷史和未來充滿情感。熱情又害羞，堅定且充滿好奇心。薩耶德與賈克有許多共同點——生產者與調香師，個性鮮明的兩人早已在格拉斯有過一面之緣，他們惺惺相惜，薩耶德要求我說服賈克前去拜訪他。

在埃及，戰前經過幾次試驗設廠，一九五〇年左右建立第一間萃取廠並開始運作。不過隨著一九六三年納賽爾（Nassar）掌權，進行國有化與土地改革，摧毀花田的作物，下令工廠停工。一九七〇年出現新的轉折，薩耶德的父親受到鼓勵，投資一座工廠與種植茉莉。

他參與國家刻意重新推動的茉莉產業，當時正值大變動，動員可供出口的埃及產品，有如貿易貨幣，換取蘇聯提供的軍火。茉莉凝香體加入當地的傢俱和鞋業，進行看似毫無勝算又出人意表的以物易物：竟想以花朵換取軍火！這些交易成為所有非法買賣的源頭，最後竟演變成以真正的茉莉萃取物為劣質的蘇維埃肥皂增添香氣，三十年後，這段時光仍令我們的埃及友人哈哈大笑：俄國人是否意識到這份荒謬的奢侈？

距離開羅三小時處，位於三角洲中心，原野一片平坦，村落中磚塊建造的房舍永遠沒有蓋完的一天，周圍盡是田野和運河，這是尼羅河水的恩賜。處處都是農民，男人一身白，女人五彩繽紛，成群孩童跟隨父母下田，或是在凹凸不平的空地上玩球。有的球充飽氣，有的消氣扁塌，有時候是布團，甚至是打結的塑膠袋，世界各地的荒地上，總有孩子玩球。從馬達加斯加到瓜地馬拉，從海地到摩洛哥，在這些貧困的國家，孩子嘻笑玩耍。

茅屋頂的黃色與土地的黑形成鮮明對比。我們視察薩耶德的農田，踏進兩側有棕櫚樹的小徑，周圍種滿天竺葵和橙樹。一棟紅色大宅昂然立於這片土地中央，從天台就能俯瞰整片耕地。茉莉田中的矮樹叢實在美妙絕倫，生意盎然，舉目所見皆是鮮花。這塊傳奇沃土，結合可供灌溉的尼羅河水和陽光，成果不同凡響。花朵碩大，每公頃產量空前的高，以及絕色產品：富含陽光、果香、深度，近乎妖嬈的豐美原精。早上九點已經非常炎熱，數十名年齡不一的採花女工已經工作四個小時，她們開始將一籃籃鮮花帶來秤重。顯然大家都很興奮，明星調香師現身的消息已經傳遍整個花田。薩耶德也種植、萃取天竺葵與紫羅蘭葉，他還開始蒸餾苦橙花，也就是由苦橙樹開的花製成的精油。他的訪客想要親眼看看生產過程，嗅聞一切，瞭解採摘花朵的時辰對茉莉原精的影響。他希望能帶回此處的工作規劃，用以管理格拉斯的團隊，為調香師發掘增添調香盤豐富度的新見解。

遼闊的田野邊，我們好像王子，坐在鮮花磅秤周圍的華美柳編椅上。賈克盯著花籃，整張臉埋進鮮花，女人們都笑了起來。磅秤前的隊伍是歡欣活潑的光景，女人們的衣著繽紛絢麗，籃子中的茉莉都要滿溢而出。薩耶德高聲下指令，他就是花田的法老王。撩人的白花發揮作用了，賈克深深著迷，興致高昂：「你知道嗎，茉莉、天竺葵、橙花、紫羅蘭葉，埃及就是五十年前的格拉斯啊。或許我該考慮在這裡買塊田……」他稍後出神地對我說。

入夜後，我們回到開羅，薩耶德邀請我們到尼羅河畔抽水煙。在煙霧裊裊的香氣中，他毫不退縮地分享分析見解，對於年輕一輩教育的艱鉅挑戰，缺乏經濟和政治機運，認定必須由法老王來治理這個國家。雖然不同於我們西方人的觀點和異議，他的意見並非缺乏客觀論證。我很欣賞他的才智和直率，然後我再度吸一口水煙。

共度三天之後，我們談到未來和長期合作。數小時間，賈克這位格拉斯人變成埃及人了。「賈克，依你所見，真正的茉莉是在法國還是在埃及？」面對我的問題，他故作沮喪。「當然兩種都要啦！雅緻的和甜美的。結合兩者固然不容易，但是如果掌握訣竅，就能創造出超乎尋常的獨特成果！」

和我們道別前，薩耶德詢問我印度茉莉產量的消息，印度是另一個供應大國，也是令人生畏的對手。我明白他的擔憂。他經歷過印度人加入茉莉種植，萃取技術的進步，還有越演越烈的競爭。埃及和印度，即使品質不同，現在的產量卻平分秋色，大部份買家都會從這兩個國家進貨。我不忍心告訴他自己正準備前往印度，因為我腦海中已有要與印度夥伴合作的計畫。合作計畫並不會威脅到我們與薩耶德的交易，反而可能讓我們的事業優先在印度發展。感性不能凌駕理性之上，話雖如此，但是在天然產品中，人情味永遠是定奪和策略的考量。

賈克沒有空為了一塊田地在埃及打官司，也無法抽身和我共同前往印度。就在我們的埃及之旅幾個月後，他跳槽到全球首屈一指的奢侈品集團。他難掩驕傲之情，偷偷告訴我集團老闆雇用他的理由，我不用想也能猜到：「我想做出全世界最高級的香水，因此我需要業界最優秀的人才。也就是您！」

早在三年前我就被一樣的話說服了……。我們相視而笑，即便這次完全是關於另一種轉換！身為天然產品的固執捍衛者，同時也是純粹與極致的香水界一份子，賈克將能夠使用最高級的原料，毫無拘束地創作。我們再度為不同的公司工作，不過依舊繼續見面。他還是需要在我的陪同下前往原產地，幫助他找到生產者的產品和故事，我們的共同旅程還沒結束呢。

婚禮與大象——印度的茉莉

坦米爾納杜邦（Tamil Nadu）位於印度南部，其城市馬杜賴（Madurai）是全國花朵種植的首府。每當我來到這裡，一定會繞到米納克希神廟（temple de Meenakshi），讓看守神廟的母象以象鼻輕觸我的頭。莊嚴的母象身上以圖騰和鮮花裝飾，訪客必須發願，才能得到溫暖潮濕的祝禱。二〇一一年冬季，當我靠近瑪拉奇（Malachi）的時候，很清楚心中的願望。在這個以鋪天蓋地的鮮花慶祝婚禮的國度，我想要讓茉莉生產者與我的公司結為連理，這將促成我與拉傑（Raja）和瓦桑特（Vasanth）兩位聰明幹練的創業家的長久關係。

這是印度最著名的神廟之一，猶如城中之城，我喜歡赤腳在溫熱的石板上漫步，總會被人群的朝氣與虔誠感染。放眼望去處處是鮮花，花圈攤販上大大小小絢爛奪目的花朵、掛在朝聖者的脖子上或放在焚燒線香（agarbatti）的祭壇上。米納克希神廟巨大錯綜，是泰米爾文化中最深刻難忘的經歷，宛若蟻窩，每日有數萬人進出，在石頭雕刻而成的迷宮廊道間流轉，來到金色圓柱或封入地面的枝條前靜思祈禱，後者是寺廟建立時留下的檀香聖物。神廟中心只有印度教徒能進入，米納克希雕像端正肅穆，尺寸與真人相同，以一整塊祖母綠寶石雕成。

南印度數百座村鎮在花卉帶（flower belt）種植花卉，於數十座市場議價，將鮮花編成花圈，出口到整個亞洲。茉莉是坦米爾納杜邦的花中之后，但是品種不同於格拉斯或埃及，屬於熱帶茉莉，稱為「小花茉莉」（*Jasminum sambac*），已在此地種植超過兩千年，成為南印度的代表性花朵，日常生活中無所不在。女性每天會在秀髮中插幾朵茉莉，人們將成串茉莉掛在象頭神甘尼許（Ganesh）身旁，懸吊在汽車後照鏡上，每一座神廟裡都以茉莉作為獻祭。小花茉莉是印度節慶花圈中最高貴的要角，也是婚禮之花，它是偏熱帶的品種，花瓣較飽滿，不若素馨茉莉（*Jasminum grandiflorum*）那般脆弱，花香濃郁甜美，帶有些許果醬或糖果香氣，較少動物氣息。

若要到馬杜賴周邊相間的花田參觀採收，必須在拂曉時從市區出發。窄小的道路穿越村鎮，泥磚屋和深淺不一的靛藍房舍錯落，粉刷外牆的靛藍石灰漆依照各家經濟能力，多少經過稀釋。每個村子專門栽種單一花種，有種植罌粟的村莊，也有種晚香玉的村莊，不過處處栽植茉莉。在印度，雖然種植花卉的收入讓這些村莊經濟較過得去，不過仍舊非常貧困：沒有廁所，必須用幫浦打水，瘦骨嶙峋的牛羊，到處都是孩童。這裡的印度鄉村景致色彩斑斕，小面積的白色、橘色或紅色花田錯落有致，也有整片綠色的菜園，在橘紅色的泥土上更加顯眼。一名身裹纏腰布、綁著頭巾的年老男人正在耕地，兩頭牛牽引木製的犁，但並沒有金屬犁鋤。法國是多久以前使用木犁的呢？在此地，木犁是為播種做準備，產出的鮮花將用在我們的香水中。在香水業中，沒有任何人比眼前這名農夫距離一瓶香水更遙遠，然而他對於自己負責其中一環這件事渾然不覺。

身穿鮮豔紗麗、秀髮中掛著小花茉莉小花圈的女性雍容美麗，她們不分老幼，在花田中採收花苞。鮮花要運送和談價，只會在接下來二十四小時內綻放然後凋零。女人們跑遍一列列花叢，男人們陪在一旁，孩子們則在學校。上午十點左右，鮮花送往市場，最早送達的貨品價格也最好。馬杜賴的大型花市與其中數十個小商店維持傳統，市場將鮮花送到印度各大城市，然後遠到杜拜、新加坡，甚至法國。大批花卉周圍和花環攤販中的交易熱鬧喧嘩，印度花圈（garland）是組合繁複的多彩項鍊，有些花圈重到幾乎沒辦法掛在脖子上。男人們跪坐在店鋪裡，用一條細繩串起鮮花，每朵花之間繞一個結，快速靈巧的手法超乎常人想像。色彩就是花圈的變化重點，混合白色的晚香玉和小花茉莉，黃色或橘色的菊花和罌粟，紅色的雞冠花或玫瑰，以及淺綠的印蒿（davana），印蒿是當地特有的蒿屬植物，氣味芳香。市場的各種氣味洶湧襲來：烹煮食物的拖車、發酵的廢棄花朵、腥臭的水窪、數百輛機車排出的廢氣……，在色彩與植物的躁動張狂之中，香水感覺遠在天邊。然而調香師所用的小花茉莉產量不斷成長，其甜美的白花氣息相當討喜，不輸給一般茉莉。

地中海的大花茉莉耕種，過去曾長時間只限於印度。由於花朵單薄嬌弱，較不適合製作花圈，因此在市場上不若小花茉莉受歡迎。不過，事情在七〇年代末有了變化，彼時香水業界發現在印度種植與萃取大花茉莉的商機，可用最低的成本取得他們鍾愛的茉莉。不出二十年，印度人就趕上埃及，成為無法忽視的生產者。

二〇一一年前往印度時，我已經與拉傑和瓦桑特相識十五年，他們成立的公司如今在業界站穩腳步，是茉莉和印度花朵萃取的佼佼者。九〇年代初期，這對來自清奈（Chinnai）——過去叫作馬德拉斯（Madras）——的表兄弟分別在英國和美國就讀大學，他們的家族因為債務和解而繼承一座鮮花萃取工廠。在很短的時間內，還來不及思考，他們已經成為香水世界的茉莉生產者。公司大獲成功，這要歸功於拉傑的商業天分與個人魅力，以及瓦桑特的金融和策略判斷力。他們的公司扮演關鍵角色，使印度茉莉在國際市場上的形象轉為可靠且值得信賴，耐心發展兩座優質工廠，一個在生產大花茉莉的地區哥印拜陀（Coimbatore），另一個位於馬杜賴附近，就在小花茉莉的產地中心。幾年內，拉傑和瓦桑特讓整個產業折服：他們尊敬農人、熟悉花卉，產品品質出色，是印度令人安心的新世代象徵，而過去的印度並不能讓買家全然安心。

二〇〇九年，我加入瑞士公司 Firmenich，其超過一世紀的聲望建立在化學與創造革新的香氣分子，與花田和蒸餾廠的學問相去甚遠。在賈克的鼓勵下，Firmenich 收購一間格拉斯公司，進入天然原料的世界，追求不同策略。我受僱負責天然原料，甫上任就被詢問支持哪種形式的投資，而我主張追求與世界各地現有最優秀的精油和精萃生產者，以結盟模式合作。投資股份可為合夥人提供我們的技術和財務支援，確保長期收購與在革新方面的合作。我的第一個提案是投資拉傑與瓦桑特的公司，他們的香氛產品原料充足，結合兩位合夥人的特質，讓印度成為最具吸引力的合作首選。

我沒有預料到後來浮現的難題。對於和印度合夥人結盟的成功機會，公司內部意見相當分歧。同時也必須說服拉傑和瓦桑特跨出這一步：這項看似毫無邏輯可言的合夥計劃，令他們又期待又擔心。瓦桑特深知這類合作能讓公司迅速成長，然而兩人也很怕被吃乾抹淨。

在懷疑和猶豫間，必須有極具說服力和充滿耐心的人和我一起，對這項計畫有信心。

經過三年交涉，公司老闆帕特里克・費曼尼希（Patrick Firmenich）決定放手一搏，無論規模大小，兩間公司都是家族企業，抱持相同的價值觀。我對帕特里克、拉傑和瓦桑特在日內瓦的協商記憶猶新，二〇一四年一簽完雙方協議，彼此的談話和讚美真情流露，因為我們將走上同一條路。這項合作令我深感幸福，在其中彷彿可以預見原料的未來：大型香水公司認可田間農人與精油蒸餾廠的重要性。

二〇一四年秋季，我到馬杜賴探視我們即將攜手發展的事業，這是某種慶祝形式。拉傑和瓦桑特的公司已經成為兩種印度茉莉的市場指標，他們在哥印拜陀透過一千名獨家合作的小農組織網絡，供應大花茉莉。而在馬杜賴，直到一天快結束時，小花茉莉才以低價收購，因為花朵已經開過頭了。婚禮用鮮花比香水用鮮花昂貴許多，不過萃取工廠的需求提供農人的銷路保障。那天剛入夜時，拉傑、瓦桑特和我在工廠裡，靜靜看著舖滿大片水泥板、有如厚重地毯的小花茉莉，完滿闡述他們的成就與我們的結盟。

採收十二個小時後，茉莉幾乎全然綻放，即將在這日夜運作、全年無休的單位中準備處理。我們一起享受合作的成果。參觀花田的行程，總少不了向自己的樹木打聲招呼，這些樹是由每一名初次造訪的參觀者種下。二〇一四年的那一天，我的樹已經十歲了，那是一棵「老鴉煙筒樹」（chêne-liège indien），由於長滿芳香的白花，又稱「茉莉樹」（arbre à jasmin）。隨著我定期來訪，這棵樹成為標誌物，也是老夥伴。接近傍晚時，拉傑陪我到米納克希神廟，他知道我一定要探望瑪拉奇。我走近母象，與她四目相交，她搖了搖美麗的頭部，輕柔地拍動耳朵，然後在神廟的香氣環繞下，讓她以象鼻觸碰祝禱。她停留的時間比以往久了一些，彷彿對我說，她知道我的願望成真了。

調香師受到印度、當地鮮花與我們的合夥關係吸引，越來越多人前去造訪拉傑。他很熟悉香水世界，從紐約到巴黎，他的個人魅力與出色能力引來許多客戶。一年年過去，他成為香水產業小天地中的「大明星」。他們表兄弟倆的耐性、信心與優雅，代表了印度的新生代企業家與西方世界完美接軌，同時也不失本源。

長久以來，只有印度生產小花茉莉萃取物，直到中國開始推出當地的小花茉莉樣本，令香水界相當訝異。最早的樣本品質低劣，不過很快便開始出現優質產品。賈克離職十年後，我們還是定期見面。不斷追求新產品的他，經常問我是否有埃及或印度茉莉的消息。我給他中國的小花茉莉原精，他認為香氣極好，悄聲問我：「我們再去走走，如何？」因此兩個月後，我們前往中國南方，廣西省南部。

橫縣是全中國小花茉莉花田的中心，距離廣西省省會桂林要一整天車程。繼尼羅河三角洲後，賈克與我再次流連於廣闊的茉莉花田中，背景是聳立的高壓電塔，加上廢棄工廠，這是相當普遍的中國鄉村景觀。我會定期前往中國，香水業在這裡採購大量精油，像是尤加利或天竺葵。數百座農村蒸餾廠總給我生硬冷漠的感覺，就像別無選擇的職業，是最後的機會，也是到城裡工作前的權宜之計。這裡並沒有傳統的容身之處，過去人們為國家工作，現在則是為老闆工作，唯有價錢才有意義。中國的小花茉莉栽種面積遼闊，位於精心照料的梯田上，過去種來為茶葉增添香氣。由於品質絕佳，中國出名的茉莉花茶就是使用這片田野的茉莉花增香，極具市場價值，這就解釋了為何這項農業備受呵護。一小支團隊正在採收茉莉，採收工沉默不語，手腳俐落，頭戴斗笠，身上斜背裝花的袋子。賈克與一名採花女工正聊得起勁，她穿戴藍色外套和大帽子，曬得黝黑、滿是深刻皺紋的臉帶有中國南方人的長相特徵。我理解他們正在交流採摘花朵的技巧，雖然格拉斯遠在千里之外，但是此時此地賈克就像回到故鄉。一如印度的小花茉莉，農夫的花朵也送往花市，先由茶商收購。在茶商工廠中，巨大的庫房裡，工人將紅茶或綠茶等厚厚一層茶葉放在地面，兩旁是帶狀鮮花，規模浩大的幾何排列，不禁令人想到慶典，而茶葉的黑與鮮花的白形成對比。混合前，兩者鮮明的氣味各自為政；與茶葉窨製一到兩天後，茉莉的氣味逐漸減弱，類似某種基本的脂吸法，然而效果極好。接著揀出茉莉，剩餘的花朵已流失大部份香氣。

我們在橫縣的東道主叫作傑克，是我在當地的供應商。傑克熱愛生活，是葡萄酒愛好者，我們的拜訪讓他高興得不得了，而且他明顯感受到賈克的出現似乎是特別的事。傑克和賈克一見如故，我帶點促狹的心情，看法國調香師小心翼翼地讚美不斷斟滿的中國葡萄酒。除了葡萄酒，他更愛傑克的小花茉莉凝香體，勝過拉傑的產品。長期以來，中國產品一直被評為劣質品，因為茶商使用已經不新鮮的茉莉製茶，然而自從傑克開始生產鮮花凝香體，他的產品受到一致好評。橫縣的花市裡，我們在滿山滿谷的雪白花堆間閒逛，有小花茉莉的花苞，也有花冠纖細的玉蘭（magnolia），是當地另一種地位不凡的鮮花。我們買了一袋小花茉莉做實驗：將花苞鋪在我的旅館房間地上，任其在夜間打開花瓣，清晨時嗅聞綻放的花香。我在青澀甜蜜的氣味中入睡。隔天早上，賈克一聞到花香便衝出旅館，喃喃說道：「和花苞完全不一樣。香氣太美了。」關於茉莉，日夜之間會產生些許變化，茉莉生性喜愛夜晚開花，並在陽光出現時盛開。

距中國之旅兩年後，賈克在他的品牌店面中推出新系列；這些香水有豐富的自然氣息，超越過往作品的極限。精選的頂級成分中，他用了埃及茉莉和中國的小花茉莉，同時也遵守承諾，加入了格拉斯茉莉。現在格拉斯每年收成二十公噸茉莉，只比一九三〇年的收穫多出百分之一，不過近年來出現新的玫瑰和茉莉花田，是香水重鎮復甦與其花朵「光華再現」的象徵。最頂級奢華的品牌，也再度感受到這片土地的特殊歷史性，無論實際上或象徵性的，重新在配方中掛上格拉斯的名號，在宣傳行銷中更是如此。

賈克對格拉斯花朵的正統地位始終深信不疑，但是他也很明白，格拉斯的茉莉花價格是埃及或印度的四十倍。他懷著堅定信念，認為有朝一日，透過新的萃取技術，能夠更忠實重現在樹叢中綻放的格拉斯茉莉香氣，展現無與倫比的個性。我們著手進行這項計劃，得到的結果，他說是世上獨一無二的產品。值得一提的是，調香師與他們的品牌再次渴望使用格拉斯茉莉。驚人之處在於，以萃取物而言，這些價格有如天價。所以說香水業中還是有人願意追求品質卓越的原料嗎？特殊原料是許多調香師的夢想，即使在香水產業中，也僅有極少數人擁有財力，得以真正運用這些香料。然而，這份夢想是必要的，精油和香水皆然。

關於花香的優美，它所演繹的是屬於造物的奧祕。我們在茉莉花田中散步時，我花了很長時間觀察賈克：他的興奮是真情流露，然後帶著理性深思熟慮，對某種香氣的著迷下，可能隱藏其他迷戀。無論面對薩伊德、傑克，還是我，他都毫不保留，但是我理解到他的評論中有一部份是對自己說的，就像拼圖中的零碎片段，香水大師將作品中的祕密訊息留給自己。茉莉的獨特香氣，能令他聯想到其他十二種天然香料，在腦海中開始拼湊。他曾對我吐露心聲：「孩提時代，處處都是茉莉花田，我和所有格拉斯人一樣，喜愛早晨和晚間隨風飄來的氣味。我很小的時候，喜歡在父親的工廠摘幾朵花，父親在家會和我一起享受花香，晚上將花朵放在我的枕頭下。這個香氣我永遠記得。那就是我成為調香師的啟蒙：任感官自由發展，並且瞭解到人們會記住這些感受。然後我們學會將氣味感受分門別類，每一種香氣都代表一種感受。香水創作就是多重感受的鑲嵌畫。」我很享受，跟著他進入這段始於孩提時代枕頭下的鮮花香氣漫遊。賈克毫不掩飾情緒時，臉上就會流露一抹小男孩的微笑。從帶著父親的話語和茉莉香氣進入夢鄉，到成為香水大師的奇幻境地，這個小男孩始終如一。

先鋒與樹脂採集者——

寮國的安息香

「侯柯先生，請您務必到寮國來見我。我向您保證，您一定會喜歡我要給您看的東西。」正是如此，在法蘭西斯（Francis）的要求下，二〇〇五年我首度前往寮國，與芬第村的樹脂採集者會面。

這天晚上，人們帶我進入陰暗的大房間，僅以三顆昏黃的燈泡與嵌入地面的泥板上的火光照明。上寮的村民在住家主室中的柴火上烹製料理，房舍本身也是木造的。地板、牆面與天花板，全都以大片木板建造，帶有歲月痕跡。升起的煙霧，把主室中安放在屋架上的數十塊大大小小木板燻得更焦黑了些。三十個孩童坐在主室一側，雖然一片安靜，卻因為天上掉下來的宴會而開心不已。大部份的村民都聚在一起歡迎法蘭西斯，這個男人從十年前就開始向這些家庭收購他們生產的安息香，並且帶我認識芬第村，也就是他開始合作的第一座村莊。

這場傳統迎客宴會也慶祝我的到來，多年來，這個省份幾乎從來沒有西方人造訪。法蘭西斯並不知情，不過芬第村為他準備了一份禮物，所有村民為此準備了整整一年：一間屋子，屬於法蘭西斯的屋子。我永遠不會忘記那天晚上他的激動之情，那是一份無價的禮物，從現在起，他也是芬第村的一份子了。

十五年前，這位法國農學家為了實踐混農林業的想法與信念，移居寮國。他在上寮努力不懈，力圖恢復與保存瀕臨消失的珍貴產品——安息香（benjoin），這是一種古老的香料用樹脂，採集自越南安息香（*Styrax tonkinensis*）的樹木。為了幫助該省份的貧困聚落，法蘭西斯採取相對於業界顯得創新的論證和行動，面對漠然與不理解反而越挫越勇。他在這個異常封閉的民主社會主義國家，成功創立公司。早在十五年前他就理解到，我們這一行終究會承認，在與種植者的關係中，連結與倫理的必要性，因為「種植者」是香水產業鏈中最重要的第一環節，卻往往遭受忽視。他在寮國的熱帶森林中，與安息香樹脂採集者零距離工作。香水業可能不清楚，不過法蘭西斯功不可沒。他滿腔熱血，慷慨又深具領袖魅力，這個男人可不簡單。

來到北部村莊前，我的旅程始於安息香的寶地——永珍（Vientiane）。二〇〇五年，寮國首都還帶有法國殖民時代的風情，沿著湄公河的大街兩旁種滿高大的胭脂樹，路上車流極少。法蘭西斯在市中心取得一個類似汽車維修廠的空間，就住在樓上的小公寓。他的藏身處簡直是阿里巴巴的藏寶洞穴，塞滿木塊、形形色色的原料樣本、多年來收集的安息香樣本，以及數量可觀的寮國農村用具。裝米飯或魚的籃子、獵人的弓與箭筒、上個世紀用來秤鴉片的砝碼組等等。他心中的業餘民族學家之魂保留一切物品，擁有數十種裝在酒精瓶中、不同年代出產的米。參觀這間有如博物館的集貨站時，還伴隨混雜了蠟和木頭的強烈氣味，再加上安息香溫軟甜美帶木質調的香草香氣。法蘭西斯的寶庫散發五〇年代的氛圍，令我想起童年時代的房屋閣樓，堆積的物品充滿往事的獨特氣味，縈繞在我們的記憶中久久不散。首都的殖民式建築，更加深這種時間放慢步調的感受。這趟旅行在前往芬第之前便已開始。

前往華潘省以及目的地村莊的兩天路程中，法蘭西斯帶我走入寮國過去三十年的歷史，還有號稱「萬象之國」的風景與日常生活。這個國家風情萬種，即便近代史是一場災難，現在卻一片祥和。寮國與越南之間僅以安南山脈為分野，前者悠閒，後者繁忙。越南的房舍建在土地上，人們吃米和長棍麵包；在寮國，房舍底層挑空，人們以手捏取糯米食用，也吃麵包。兩種文化截然不同，寮國更接近西邊的泰國，但是泰國是東南亞的經濟巨頭，相較之下寮國的政治體系一度長期缺乏活力。今日，該國的木料、水源與可耕地越發受到其他國家左右和開發，尤其是貪婪的中國，寮國成了中國的後花園。

在法蘭西斯的皮卡車引擎蓋上喝完早晨例行的即溶咖啡後，我們大清早就上路了。很快便進入山區，嶙峋的山巔長滿森林，還有峽谷和溪流，而且稻田無所不在。一群村民沿著公路行走，挑夫扛著收成、竹子、雞隻、從市場買來的東西、中國的五金製品與種田工具。進入某座四通八達的村莊時，一塊法國戰後風格的界標指示，左邊是往豐沙里（Phonsaly）和中國，右邊是往華潘和越南，豐沙里和華潘是寮國兩大歷史悠久的安息香省份，這個村鎮是重要市場，也是卡車司機的歇腳處。法蘭西斯習慣在此地停留，享用辣湯和烤小鳥，後者是以大網捕捉的候鳥野味。他在肉攤前佇足許久，在頭、腳、內臟、血之間猶豫不決，最後決定購買十公斤牛肉，作為明天帶給村莊的禮物，足夠讓所有期待我們到來的村民在稱為「basi」的歡迎宴會上分食。在工具攤上，法蘭西斯把所有切割工具看了一輪，評估握把和刀刃的品質。他對其中一名攤販問了幾個問題，然後轉向我，手裡握著一把柴刀：「這把刀的刀刃是用炸彈的鋼鍛造的。」看我一臉吃驚，他娓娓道來。

越戰其中十年間，寮國遭受八百萬噸炸彈攻擊，是第二次世界大戰炸彈總和的四倍之多，是歷史上受轟炸最慘烈的國家。戰爭期間，美軍在一場無名的祕密行動中空襲寮國，並瞄準知名的胡志明小徑（piste Ho Chi Ming）不停砲轟，因為這條路線絕大部份位於山脈另一側的寮國，提供南方越共的物資補給。

寮國人主要屬於巴特寮（Pathet Lao）的共產陣營並支持北越，除了北方的少數民族苗族蒙人（Hmong）族群，依靠鴉片走私為生，後來與美軍結盟，代價是一九七五年共有三十萬人流亡。

二〇〇五年，越往北方走，這十年的痕跡越顯而易見。許多村莊挖出埋在土裡的炸彈，堆在村口作為吸引目光的紀念碑，朝天空挺立，在太陽下映照刺眼光芒。這些戰後收集的彈藥數量之多，在國內竟發展成以炸彈鋼鐵回收利用的手藝，在二十年間作為工具刀刃之用。

旅途中，上寮的妖嬈之美，還有稻田中村落房舍的和諧感，令我無比陶醉。女人們身穿靛色繡花的傳統裙裝，帶著靦腆笑容推銷編織物，孩童與水牛一起下田。在這片景色中想起炸彈與戰爭非常不妥當，然而那只不過是三十年前的事。我們在東北省份的中心桑怒（Xam Nua）過夜，就是共產抗爭的地點，也是安息香兩大古老流域之一。隔天在前往芬第的路上，他向我介紹他的採集者、公司集貨站，並到各家暢飲米酒；法蘭西斯與所有村落熟識，因此我們常常半路停下。法蘭西斯要長者描述生活，他們不太提戰爭，比較願意聊聊安息香，他們都是相傳三、四代的樹脂採集者。法蘭西斯進入屋內，正忙著織布的女人們向他打招呼，然後他就在底層架空的住家木板下席地而坐。他請女人們展示作品，也總是會買幾樣織物，他告訴我，她們把織品賣給桑怒的市場商人賺不了多少錢。人們對他微笑，十年間，他已經成為他們的一員。

法蘭西斯是夏朗德人，擁有農學學位，是民族學愛好者，職業生涯始於聯合國糧食及農業組織（Food and Agriculture Organization, FAO）。那段時期，他負責解決東非的養殖業，在不同國家測試計畫和提案。一九八九年，他受派遣前往寮國清查所有木材以外有價值的森林物產，並認識了安息香和其長遠的歷史。

安息香是非常古老的產物，以商業名稱「暹羅安息香」（Benjoin de Siam）遠近馳名。這個名字來自阿拉伯文「Luban Jawi」，意思是爪哇之香，因為蘇門答臘有另一種從安息香屬（Styrax）樹木採集來的安息香樹脂。很久以前，「暹羅安息香」就以藥用價值為人所知，使用在燻蒸和香膏中。

路易十四的宮廷中，人們會在雙手塗安息香膏，臉部抹安息香液；其中，香膏是將塊狀樹脂放入酒精中融化而成。尤其氣味溫暖甜美，且帶香草氣息，安息香成為經典香料，是調香師想要添加琥珀氣息時最愛的原料。大部份帶有香草基調的香水中都有安息香，其中最有名的包括嬌蘭（Guerlain）的「Habit Rouge」或聖羅蘭（Yves Saint Laurent）的「Opium」。

法蘭西斯醉心於這項主題，他瞭解到，只有寮國北部出產安息香，其實是因為該地區落後貧窮，於是寫了報告與提案，不過他很快就明白，這一切完全無法達到他想要的結果。於是取得妻子的同意後，他做出改變一生的決定：辭去FAO的工作，到寮國成立公司。在一個幾乎全然封閉的共產國家，開公司簡直異想天開，但是法蘭西斯早就考慮周全。他發現安息香正在快速沒落，因為村民放棄樹木種植模式，採收也不固定，中國和越南採集者會越過國界，低價收購再走私運回，而且從來不繳稅。

法蘭西斯腦海中已有技術模式的構想：必須讓安息香樹的種植、維護與採收結合傳統的水稻種植週期，因為後者是北部森林中的生活根基。他不知道這將要花上二十年證明和不屈不撓，才能讓農學家和當局承認山區混農林業是正確的方向。然而一九九二年起，從成立公司以來，他對即將到來的苦戰了然於心。首先，必須博得村民的信賴，向他們推廣某種栽種模式，並保證以誘人價格買下收成。此外，他也必須不停對抗令他怒火中燒的走私活動；時至今日，他仍稱之為非正式貿易。當然，身為遊走在敏感地帶的外國人，他必須讓寮國當局認可他的存在，才能發展私人公司。

不出幾年，法蘭西斯徹底改變了安息香供應鏈。他造訪各個村莊，提議他的模式，也創辦佔地數公頃的苗圃，供應無數樹木幼苗，篩選他事先提供資金的收購人，讓他們得以預付費用給採脂工人。他在數個省份核心地區建立收購中心，印製小冊子解釋生產安息香樹脂的安息香樹種植週期和方式。他遵守承諾，向採脂工收購產品，即使他不需要的時候也這麼做，在產業中自己扮演調節者的角色。他在廣大地區推行混農林業，讓受騙無數次的村民再度建立信任，早在蔚為風尚前便落實負責任的農村發展，投注自己的心力和資金。身為革新者之一，他瞭解到天然產品的來源需要才智、正直，以及對原料生產族群的知識抱持敬意。

抵達寮國，當政府終於准許他在國內通行後，他這才發現要在偏遠村落之間移動有多麼困難。橋圮塌了，道路也被大雨沖垮，要到西北部的安息香產區只能乘獨木舟通行。他常常搭軍隊列車的便車前往荒僻村落。車子拋錨時，就必須步行一整天，晚上隨地而睡，有什麼吃什麼。某天早上，他錯過原本可以幫他省下三小時路程的軍方直昇機，不過幾小時後，機體被發現墜毀在森林中。由於意志堅定，他開始收購並出售安息香，敲開一個人際關係從零開始的產業大門，而我們就是這樣認識的。

法蘭西斯的個性固執，有時候甚至易怒，因此起初在香水產業的關係並不如意。香水業的公司已經習慣和代理商購買未加工的樹膠和樹脂，尤其是向在此產業中耕耘數十載的德國人。法蘭西斯交易樹脂的過程完全不明朗，而且對大公司並不想多加瞭解交易過程感到驚愕，同時，他也對大公司不願爽快簽下長期契約，且並不重視他本人對一切的執著和熱忱而感到震怒。我實在太愛安息香樹，無法不被他的說詞打動。我聽他描述願景和計劃、解釋村莊和採脂工人，對他的作為充滿欽佩。他開始參與香水業的會議，手中拿著教材，採取並非夏朗德農民的方式，挑戰過於自滿且目的草率、只為壓低價格的買家。他物色優質的往來對象，尤其是有興趣瞭解他的採脂工人的談話對象。然後，我們就相遇了。

抵達芬第時，村落裡所有孩子都圍著法蘭西斯的車。「坎皮恩（Khampien）是我的第一個收購者。」他邊說邊向我介紹村長：「我們一起開墾苗圃，他馬上就理解我想做什麼。」這個村子是世界彼端的珍珠，三十座房舍沿著小路緊密相連，睥睨陡峭的河谷，谷底是一道潺潺小溪。村民在谷底裝設幾座小型越南水輪機，扇葉產生的電量剛好足夠點亮幾十顆燈泡。

迎賓宴會，也就是傳統的「basi」，在坎皮恩與妻子梅伊白（Mè Ibai）的家舉辦，他們的房子是村裡最大的。梅伊白是村落創立者弗米（Phommi）的女兒，這位大前輩在一九九一年讓法蘭西斯在人生中首次見識安息香樹脂的淚滴。法蘭西斯花了兩年時間才取得法律許可，搭乘蘇維埃軍用車進入這片住著「奉族」（Lao Phong）的少數民族地區，弗米帶他去看人生第一次的「安息香屬植物」（aliboufiers à benjoin），這是法國植物學家為安息香（styrax）取的美麗名字。法蘭西斯描述那段與弗米步行到掛滿凝固樹脂的第一叢樹林的時光。「這些樹木佈滿大量樹脂，彷彿因為感動而淚流滿面。」他回憶道。至於我們的「basi」，坎皮恩先致詞，接著正式宣布法蘭西斯的房屋落成、經過祝禱，今天晚上我們就可以到屋裡過夜了。法蘭西斯哽咽，雙眼泛淚。村子接受他成為一份子，這是非常罕見的事，他為此感到非常榮幸，顫抖著聲音以寮語回應。然後孩子們湧上來，低頭說了一些話，一邊在我們的手腕綁上能帶來好運的多彩細棉繩。酒罈大挑戰的時刻來臨，我們必須回應興高采烈的賓客的邀約，進行一連串歡樂的對決：將長長的竹製吸管伸入裝滿發酵米酒的大酒罈，看誰能一口氣吸入最多酒。我喝了不少，整個人暈頭轉向。我們大快朵頤，有烤牛肉、蛋，還有米湯。大家一起唱歌，梅伊白帶頭高唱，孩子們接著和聲，這是一首悲歌，在激昂與低語間起伏跌宕，描述村莊的歷史與對未來的祝願。法蘭西斯為我翻譯歌詞，歌曲最後一段是祝福他在新居住得長長久久。輪到我唱歌了，酒精發揮作用，腦海中浮現的第一首歌就是〈清澈泉水旁〉（À la claire fontaine）。整個房間鴉雀無聲，孩子們下巴都掉下來，一定是被這首咒語般的法國老歌嚇傻了。氣氛一度緊張，不過村民仍敦厚慷慨，這場肅穆不失輕鬆的集會，此生我再也沒有經歷相同的體驗。夜深大家散會後，坎皮恩陪我們到一旁的新屋，搭建在底層挑空的木架上，面向河谷，然後他便離開了。屋裡還沒有擺設家具，於是我們直接在地板鋪草蓆，睡在新居的臥室。那年二月天氣很冷，又在上寮的高山，我們同蓋一條棉被。無論如何，那是一段難忘的時光，我也深感幸福。

慶典也允許將我引見給村莊、祖先與森林的神靈，現在我在村裡擁有自己的定位，可以參與聚落的活動。早上我們到坎皮恩家，在火堆旁吃早餐，我學會從精緻的小竹筒中用手捏取一小團米飯，竹筒是寮國最常見的物件。梅伊白煎了蛋，端上從竹節中取得的肥大白色幼蟲。法蘭西斯盯著我，他很喜歡以古怪的食物測試客人。我塞了幾口幼蟲，配著米吞下肚，不好吃也不難吃，單純是一盤最好不要知道食材來源的料理。接著我們出發前往採集安息香的小路，坎皮恩打頭陣，後面跟著兩名光腳的採脂工人。從村子高處可以俯瞰長滿繁茂森林的山坡，冒出幾個特別突出的樹冠，看似無法穿透。「這片森林很神聖。」法蘭西斯告訴我，從未有人在此砍伐一草一木，人們只會為了祭祀某些樹而進入森林。薩滿信仰盛行於這些聚落，與森林的關係也至關重要。樹木是保護者、滋養者，是聖物。

抵達森林邊緣時，我們的嚮導噤聲了，只剩被風吹動的樹葉摩挲，彷彿連鳥兒也敬畏此地的寂靜。忽然間，對我而言，前往安息香的道路不再只是單純的尋找原料。從我接受「basi」洗禮開始，一切有如無聲幽微的祕密結社儀式，我順其自然，這也像是法蘭西斯贈與的禮物，讓我明白他何以選擇為這些村莊奉獻一生。我們徒步整整兩個小時，數次與頭上頂著裝滿帶皮玉米的籃子的年輕女孩錯身而過，最後終於抵達一小片安息香樹林。安息香樹可隨著樹齡長至參天，不過若要具生產力，樹齡七歲起便可以採收。樹木集中在法蘭西斯稱為「開墾地」（essart）之處，意指地主焚燒清除丘陵上一部份的林地後，在該地塊上種植稻米，然後種植樹木。安息香的週期從十一月開始，採脂工人切割剝開樹皮，但不整片拔除，使其自然形成凹槽，樹脂會流入集中。靜待樹脂滲出三個月，這段期間，樹脂會因氧化而變硬形成堆積物，成為珍稀的安息香脂。法蘭西斯答應讓我參加採收，我們抵達前一個月就已經開始。一名採脂工人準備好後爬上樹，他割下一段竹節和藤蔓，剛好是他需要的長度，以便將綁在樹上的青綠木塊當作踏階，踩在上頭工作。他斜背一個大籃子，手中握著刮刀，在每一個凹槽處停留，小心翼翼地刮起團塊。新流出的安息香是白色的，幾乎尚未因為氧化而變色。隨著時間過去，流出的樹脂會變黃，接著轉為接近褐色的橘。每棵樹幹早已劃上十五道割痕，直到十公尺高，採脂工人沿著樹幹周圍的割痕採集，將樹脂刮得一乾二淨。對所有採脂工人而言，技巧就是取得樹木最優質的部份，同時不耗盡樹，也不可使它衰弱枯萎。採脂工人邀請我一起上樹，他迅速俐落地以藤蔓打結，支撐竹片。我採集一個凹槽的份量，幾乎把臉埋進樹幹，沉迷在新鮮安息香的迷人氣味中，香氣混合了香草、木質調與粉味，同時也帶有花香。

兩名採脂工人在這片林地採收了二十棵樹，裝滿一大袋，足足十五公斤重，在我看來，這麼長的工時其實收穫不足為道。回到村裡，我們將採收的樹脂倒在坎皮恩家中地板上，安息香的氣味立刻蓋過柴火。這些稱為「眼淚」的樹脂塊尺寸各異，許多還黏著樹皮碎片，法蘭西斯向我解釋，它們都會經過商業級別分類。坎皮恩秤了我們的收成，然後將其倒入其中一個袋子。整整兩個月的採收，他會收購採脂工人所有的收穫，運送到法蘭西斯位於桑怒的集貨站。多虧法蘭西斯給他的預付金，坎皮恩會集合多個村莊的收穫，運送所有收成，賺取佣金。法蘭西斯在永珍接收遍及上寮的網絡的安息香，數十名女性依照樹脂塊的等級或尺寸分類，最大的樹脂塊品質最佳。接著他將一箱箱貨物送到客戶手中，包括我的公司，我們只要以酒精融化樹脂塊製成樹脂膏（résinoïde），也就是加入配方中的材料。生產鏈簡易極了。

回到永珍的路途中，法蘭西斯告訴我，這些生產地區從殖民時期就沒有改變過。在當時的東京（Tonkin），以人工背扛二十五公斤的安息香，接著搭乘竹筏順著溪流而下，直到上寮重鎮龍坡邦（Luan Prabang）。至於東部省份，人們以牛車車隊運送直到永珍。到了那裡，安息香轉售給中國批發商，將貨物運送到河內、西貢或曼谷，期限可能長達將近三個月，曼谷因而成為安息香的主要裝運港。

這一切遙遠漫長，不過對法蘭西斯而言，過程仍非常繁瑣複雜：「在這裡我只是一個外人，在法規、關稅和稅務上必須盡善盡美。建立信任很緩慢，但是只要一瞬間就能失去信任。太多歐洲人都忽略這一點……人們看我做事很多年了，現在政府部門和部長都很信賴我，也支持我。走私是最大的問題，我是這裡唯一付錢取得專利收購安息香的人，還有繳納所有省份和出口稅務。大家都知道中國人和越南人的辦事態度，他們騎機車進入村莊，用只比我高一點點的價錢，以現金向我已預付款項的人收購貨品。當局知情，但是政府部門因為貪污，而且可以從中獲利，因此睜隻眼閉隻眼……」

我數度重返寮國拜訪法蘭西斯，每一次都發現他實現新事物、新的計劃、在其他安息香和不同產品的產區建造新的集貨站。他現在販售稱為「順化肉桂」的皇家肉桂，這種樹皮曾是國王的專屬，法蘭西斯透過偏遠寺廟中的肉桂老樹發現這種香料，使其重新回歸。他也賣一種當地特有的紅花月桃與來自森林野生蜂群的蜂蠟，這種獨特的蜂蠟香氣濃厚，帶煙燻和動物氣息，是令人驚喜的新發現。他與小型傳統蒸餾廠合作生產隱匿鄉間的沉香木，愛上這種在寮國很普遍的神祕樹木——沉香屬（*Aquilaria*），進而買下一棵百年老樹，用圍籬保護使其成為聖地，保護老樹不受砍伐。法蘭西斯擁有屬於自己的薩滿儀式。

最近一次拜訪法蘭西斯是二〇一七年，他正經歷整整兩年的苦日子：雖然無法避免湄公河洪災與其他難以預測的氣候變遷，他卻在這個充滿變動的國家保持樂觀堅定。機車大舉入侵永珍，擠得水洩不通的觀光客，寮國已經不再沉睡了。由中國主導的昆明—曼谷高鐵穿越上寮森林。由於妨礙高鐵路線計畫，政府下令所有村莊搬遷，在悄悄發展的中國農業與帝國主義下，森林特許權允許他們大規模種植橡膠樹、玉米和木薯。現代化開始侵蝕傳統，這也是意料中的事。

由於坎皮恩年歲已高，他的過世讓法蘭西斯非常痛心。「他是了不起的男人，有智慧又忠誠。他的祖父採集安息香，他的父親上過戰場，他自己則渴望進步和成功。他讓我理解到好多好多事……」他的逝去，令法蘭西斯同時失去了摯友與和森林的連結。寮國的某部份也隨坎皮恩的死而消失，那是他初來乍到認識的寮國，那個從未真正走出殖民的寮國。另一段歷史正要展開。法蘭西斯仍要對抗非法交易，他在寮國的地位使他得以和總理對談，新的法規正在立法程序中。他對我說：「雖然還要二十年才能改變，不過我終於達到目的了。」他在歐洲仍是為聰明混農林業持續奮鬥的大使，也醉心於世界各地採集自樹木的香料，如秘魯香膠（baume Pérou）、蘇合香（styrax）或乳香。我們聊了好久好久，關於這些樹膠和樹脂，它們近似的氣味、歷史，以及必須解決的難題，讓這些香料在地球遙遠的兩端保有安身之處。某天，我陪他出席一所中學的落成儀式，他和一位深受他理念吸引的客戶共同出資。他耐心論述在偏鄉創辦中學的重要性，避免青年外流至城市，並給予他們靠森林物產謀生的機會。我們受到村民組成的儀隊歡迎，他們穿上傳統服裝，年輕女孩將牙齒塗紅，為她們燦爛笑容增添一抹神祕感。我在其中看見的是美與異國風情，法蘭西斯看見的則是名為「Lao Kho Poulanh」的民族，他們的語言、文化、獨特的村莊慶典，以及學習採脂的年輕人。如今這所中學已有五百名學生，道路取代了小徑，村莊有電力和鄉村醫院了。

法蘭西斯的作為讓造訪村莊的人深受感動，並獲提名為永續發展的楷模。他認為自己只是為保存這項資源盡一份棉薄之力，同時懷抱熱情與理性。「我想要成功，是為了安息香社群，也想要為自己證明些事。」我首次參觀安息香的旅程尾聲時說的話，他仍銘記在心：「你們告訴我，安息香的價格應該要更高，這是讓安息香延續下去的必要之舉，這句話竟然出自買家口中！我想我的客戶絕對不會接受，不過你們說的沒錯。那天讓我瞭解到，買家也會為這些人和未來憂心。」

我們的職業需要像他這樣的人才。他與森林的生產者聯手，創造了管理古老香料源頭的方法。他向他們保證收入，這點激勵他們繼續下去。很簡單嗎？現在或許是吧，然而他早在這股風潮流行前就開始進行計畫，其他原料生產者效法他，試圖在尊重社群身處的環境與滿足調香師的需求間取得平衡。我在世界各地遇見滿懷理想的男男女女，選擇以製作精油原料維生時，總會想起法蘭西斯，他是真正的永續發展先鋒，在世界盡頭開創香料的混農林業，是森林居民與其知識矢志不渝的代言人與捍衛者。

甜美的樹皮——斯里蘭卡的肉桂

「這就是放任自然生長的肉桂樹的樣子。」拉桑塔倚著一棵高度中等的樹對我說，灰色樹幹和嫩綠光亮的葉片，是典型的熱帶植物外觀。「不過很奇怪，並不是越老的樹，精油和樹皮品質就越好。我們只選擇年輕的樹。」我的肉桂精油供應商帶我參觀路努干卡花園（jardin de Lunuganga），對我而言，這是斯里蘭卡最風情萬種的景點，就座落在島的西南方海岸。我走向那棵樹，從樹枝剝下一小片樹皮，用手指摩擦幾片樹葉，再熟悉不過的肉桂氣味立刻圍繞我們。這片花園由當地的傑出建築師傑弗里．巴瓦（Geoffrey Bawa）打造，他關注環保且才華洋溢，出色地結合歐亞文化，呈現出少有的整體協調感。庭園和露台蒼翠成蔭，木頭與玻璃建造的房舍與傳統樣式的附屬建築靜靜融入其中。當代雕像和大型古甕為我的參觀增添亮點，無論是樹木還是花朵，斯里蘭卡恣意怒放的植物遮天蔽日，一路蔓延至與海洋鄰接的大湖邊；雖然精心設計，但是高明地為所有要素保留自然風光。肉桂樹一旁是木棉樹以及有著纖細紅樹幹的棕櫚樹，可從樹影間隱約看見長滿樹瘤的雞蛋花老樹，枝椏在藍天勾勒出熱帶風情的曲線。眼前時光正美，來自海洋的微風，樹間露出吱喳豔麗的幾顆鳥頭。對我而言，路努干卡體現了斯里蘭卡的心跳，結合異國情懷和溫柔婉約的熱帶魅力，令人毫無招架之力。這裡有在海風下茁壯的成群紅樹林、典雅的佛舞舞者雕像、遍佈山區的茶園和採茶路徑有如帶條紋的綠色織錦，以及鳥群和肉桂香氣，斯里蘭卡帶給訪客的，是宛如磁磚鑲嵌畫的多樣性與恬靜端莊。時值二〇一五年四月，我在已經造訪數次的斯里蘭卡再度中途停留。這座島很靠近坦米爾納杜邦的茉莉園。「你去了就知道，那裡比印度更印度！」行前拉傑如此向我保證：「我不能說太多，但是他們的胡椒比我們的好太多了……幸好他們不種茉莉！」

斯里蘭卡號稱香料之島，從古代起就是香料奇航中的重要角色，而且經過證實，因此這個頭銜在歷史上一點也不為過。島嶼西岸自古以來生產肉桂和胡椒，這部份與印度喀拉拉邦（Kerala）海岸的有點相似，兩者坐向朝西方海面，緯度也幾乎一樣。兩個辛香料海岸過去曾是貿易起點，與羅馬人交易密切，中世紀時擴大至全歐洲。辛香料起初透過陸路，加入沒藥和乳香的阿拉伯商隊，西元一世紀起，希臘和羅馬航海家瞭解到可以利用季風的風向，改變往來印度的航道。如今，馬達加斯加、印尼和東南亞補足了辛香料主要來源的地圖。然而，雖然現在有許多胡椒、丁香、肉豆蔻和小豆蔻的產地，肉桂卻另當別論：斯里蘭卡就是肉桂的家鄉，它在這裡驕傲宣稱自己就是頂級，再自然不過。雖然別的地方也出產肉桂，不過人人都同意，品質比不上斯里蘭卡肉桂。錫蘭肉桂（*Cinnamomum zeylanicum*）在食用與香水用精油中名氣一樣響亮，主要競爭者是其遠親中國肉桂（*Cinnamomum cassia*），產量大幅超越斯里蘭卡肉桂且價格低廉，不過風味和香氣就遜色多了。

肉桂自古以來廣為人知而且價值極高，從遠古時代起，就在少數被視為不可或缺的香料中佔有一席之地。《聖經》經文中也處處可見埃及人使用「cinnamome[1]」的記錄：「我又用沒藥、沉香、桂皮薰了我的榻。」[2]。

肉桂是香料，是樹脂，也是木材：集眾多優點於一身，就是超過三千年來調製香氣時的選擇與組合的最佳例證。肉桂香甜的溫熱氣息，結合沒藥，以及美妙無比的沉香木的煙——古代稱為「aloès」，光是如此就令人置身奢華的香氛世界。

斯里蘭卡的征服者和接連的佔領者，即葡萄牙人、荷蘭人及英國人，全都重金投資辛香料採集與貿易，因為這是島嶼的主要資源，直到十九世紀因為英國人嘗試種植咖啡失敗，轉而在山上種植茶葉。肉桂樹資源的數量應該非常多，因為歷史並沒有記載肉桂樹枯竭或匱乏之，只是過了很久以後，才制定出最具生產力的樹皮採收模式。最優質的肉桂來自年輕枝

1 在拉丁文裡，cinnamome 即為肉桂的意思。
2 《聖經》〈箴言〉第七章第十七節。

條，生長不可超過兩或三年，否則樹皮會過厚。過去採收野生肉桂樹枝條的樹皮，後來以人工種植取代，較容易取得，生產力也更高。

拉桑塔與他的國家如出一轍，文質彬彬，聲音溫柔而且靦腆內斂。我費了一些時間才贏得他的信任，同意告訴我斯里蘭卡歷史的另一面，那是在二十五年間發生的兩樁悲劇，令國家留下創傷：內戰與海嘯。由於內戰持續太久，時間長到被世人遺忘。當時，北部信印度教的坦米爾人（Tamouls）要求獨立，從國家劃分出去，而這場戰爭對抗的僧伽羅人（Cinghalais），是國內佔多數的佛教徒，一直持續到二〇〇九年，造成至少七萬人傷亡。拉桑塔早在九〇年代便投資一座蒸餾廠，在他的合作下，蒸餾高級精油來源的樹皮作為香水之用，氣味特殊，令人想到美式蘋果派或聖誕市集上的香料熱紅酒。他也生產富含丁香油酚的肉桂葉精油，這種精油散發濃郁的丁香氣味，或許會喚起許多人對牙醫的記憶。雖然價值較低，不過產量高，適合香氣工藝、風味添加物與藥用產業。

二〇〇〇年代初期，首都可倫坡（Colombo）的恐怖攻擊日趨頻繁，奪走越來越多平民的性命。拉桑塔告訴我他心中逐漸高漲的焦慮，直到那一天他因為恐懼而驚慌失措，想到讓妻子和孩子們搭上巴士。一如許多在他之前的人，他決定和家人逃到澳洲；對僧伽羅人而言，那裡是最近的難民容身之地。二〇〇四年十二月二十六日，海嘯來襲的當下他並不在國內，這場災難在南部和西部沿海捲走三萬人，整排肉桂栽種地首當其衝。那一天，他的合夥人失去多位家人。我第一次造訪拉桑塔工廠附近的城市班托塔（Bentota）時，他帶我去看無數排的小墓碑，就在通往可倫坡的沿海鐵路旁。看著這些濱海的雕像，一邊聽著他細說有多少從事肉桂產業的家庭被大浪捲走，我感到一陣哽咽。今日，踏遍斯里蘭卡景點的旅人不會察覺，二十五年間有十萬人死亡的蛛絲馬跡，傷痕卻深深刻在大部份的居民心底，從拉桑塔身上我就能明顯感受到。他的身材瘦小，卻有鐵一般的紀律，吃得很少，每天花數小時鍛鍊，成為進階長跑者。他臉上的微笑，掩飾了克服無數磨難的毅力。雖然不幸流亡，但是內戰一結束他便回到可倫坡重起爐灶，以樹皮蒸餾為主，把肉桂棒交易託給他的夥伴，肉桂棒是一般人熟悉的肉桂販售形式，用於料理或飲品。

肉桂樹園很隱僻，距離可倫坡往加勒（Galle）火車鐵道後的丘陵有一段距離。這片平靜的海岸有沙灘和椰子樹，景色如明信片，近十年來又恢復觀光活力，海嘯慘劇似乎已被遺忘。拉桑塔合夥人種植的肉桂樹園位於班托塔外圍，在村落後方，距離鐵道數百公尺。肉桂生產依循似乎亙古不變的傳統模式，樹園地主「招募」數個家庭，他們負責所有工序，一直到將肉桂棒捆成一大束。天色微亮時，這些家庭便已經就工作定位：男人砍下樹枝修剪枝條，妻子和青春期的孩子收集所有枝條捆成束，賣給肉桂葉蒸餾廠。樹枝是從最早栽種的樹根部長出的嫩枝，任其生長三年成為年輕小樹，接著剪下小樹，若其上的無數嫩枝生長滿兩年，和掃帚柄一樣粗，便會經過篩選；肉桂樹可以持續利用最初的那棵樹，如此種植超過四十年。隨著時間過去，樹根會變得極為粗大，不過嫩枝不會超過三公尺高。人們靜靜工作，只聽見開山刀砍枝條的聲響。近午時，收穫會集中到農場，肉桂將在此處加工。

大遮雨棚的陰影中，四個家庭坐在那兒，人人各有自己的工作。他們全都盤腿坐在水泥地上，就在肉桂糧倉下，懸空的網架上放滿數百枝橘褐色的細肉桂棒，等待販售。負責生產的一家之主是備受敬重的匠人，其手藝技術受到認可，而且非常寶貴，需要花費許多年才能成為出色的加工者，並且掌握所有工序。好的肉桂「製作者」難尋，由於他們的收入豐厚，同時也會訓練孩子入行，因此肉桂本身也是家族事業。家家擁有各自的樹園、組織方式，甚至在遮雨棚下的位置亦然。眼前景象令人歎為觀止，工具看來年代已不可考，在我的央求下，拉桑塔詢問其中一名製作者關於這些工具操作手法的歷史。他似乎對這個問題深感意外，然後笑著回答，全都是按照古法製作，好似這一切既有的手法運作良好，沒有絲毫理由改變和另尋他法。隨著享有盛名且自古以來開採利用的製香術，我們進入超越時空的工藝境域。我發現熱帶的工具、籃子、繩索、梯子、石鎚，全都是從森林取材，一如古代，依照正確的技法，而且常常經過多道加工，以至於我們忽略了這些物件的巧妙精緻。父母將這些和諧、靈巧的知識傳授給孩子，並本能地珍惜資源的無聲行動，還有以竹子、樹皮和編織藤蔓的物件之美。為香料樹木工作的匠人，從寮國到薩爾瓦多，從索馬利亞到孟加拉，他們是邁向消亡的世界的倖存者。身為狩獵與採集的繼承者，他們令我豔羨，證明人類在另一個世界曾有過更好的想法，那是往昔的世界。每一次與這些人相遇，經過認識、觀察和交流後，我的腦海中總是會浮現令人痛心的問題：「這一切還能持續多久？」

我與肉桂製作者共度數小時，觀察他們的手勢和工具，我的笨拙嘗試總引起一陣大笑，隨著時間過去，我們也展開談話。由於醉心於這項罕見的例行工法，因此很願意在此度過數日。女人們負責第一步：用刀具刮去樹皮的青綠表面，由於丁香油酚含量過高，這個部份不適合製作肉桂棒。我盯著一個年輕女人，她老練的手法和速度讓我詫異極了，而我也認出她來，她是早上在樹園收集捆束枝條的女人。我讓她有點尷尬，不過她最後噗哧笑出聲來。現在枝條是黃色，然後因為氧化轉紅。為了更容易剝離內層樹皮，他們用金屬圓棍在準備剝製的木條上，由高至低滾動。要剝取樹皮，首先沿著枝條割一刀，如此一來，剝下的樹皮乾燥時就會自動捲起。這項工作需要熟練與細心，頗具難度，除了用精準的手勢搭配每一道步驟的專用工具，切割深度也要恰到好處，在凹凸不平的木頭上拉出一道筆直的縱向割痕。新鮮木條放在太陽下曝曬，捲起後就層層組合，製成兩公尺長的細捲。一個年長的女人監督曝曬後的樹皮捲製，由她決定肉桂棒是否捲得夠好；她面無表情、工作迅速，絲毫不拖泥帶水。拉桑塔低聲告訴我：「她的丈夫死於海嘯，他當時離海灘太近了。」沒有人大聲交談，對話悄然簡短，只聽見各種工具發出清晰規律的聲響。取下漂亮的長條樹皮後，所有從枝條刮下的樹皮和碎片就送往蒸餾廠，用於生產精油。

拉桑塔的蒸餾廠就在小路盡頭的相鄰村莊，隱身在一扇鐵門後，從外觀完全看不出來。蒸餾廠在一座中央天井周圍，由一棟放滿一袋袋樹皮的簡樸倉儲建築與兩小間蒸餾工房組成。在這裡，一切都依靠人力。蒸汽鍋爐以剝去樹皮的肉桂木材生火燃燒，並在整個程序的最後，工人們手工傾斜旋轉蒸餾壺，把蒸餾完的原料清空倒在地上。工人將殘渣裝入手推車的同時，另一批人提來裝袋的肉桂片倒入槽中，開始下一回合。工房後方是數十列逐個排成一道道直線的金屬罐，盛接從蒸餾壺流出的冷凝物（condensé），場面非常浩大！沿著走道，精油逐漸自然油水分離，然後浮到罐子表面。拉桑塔靜靜查看，手指浸入精油的彎液面，點頭示意，全程只有咕嚕作響的水聲。陽光落在金色的容器上閃閃發光，說是當代表演藝術也不為過。

我再度前去拜訪拉桑塔的理由，比起斯里蘭卡曾遭受的磨難微不足道，但是對像他這樣的小蒸餾廠主而言，卻是某種形式的悲劇。近幾個月，我公司的品質管控者否決他的精油樣本，然而我們和他合作多年，他是老實認真的人，正常來說他的精油品質無可挑剔。不過肉桂精油的組成複雜，其中幾種成分有決定性影響。基於香氣和規格的原因，每一批貨必須經過檢視，分析後才能確認精油符合嚴密的規定。以專業術語來說，桂皮醛和丁香油酚的比例必須恰如其分：前者負責肉桂特有的味道和香氣，後者則散發丁香氣息，只能含有少量。更棘手的是，現在還必須進一步降低香水業極力規定含量的分子：黃樟素。這些變化表示，我們希望拉桑塔賣給我們的精油能夠改變成分，而目前拉桑塔沒有辦法達到新的分析要求。多次透過電話交談後，他心急地要求我去見他，想辦法打破僵局，我們是他第一個客戶，他只是很單純地害怕失去我們的市場。熱帶蒸餾廠通常簡陋規模小，這些傳統生產者與大型工業管理部門之間的差距極為懸殊，對彼此不熟悉也不瞭解。對我而言，我會衡量擁有像拉桑塔這樣供應商的機會，像他那般熟悉管理原物料、鼓勵並贏取樹皮生產者的信任，細心蒸餾，而且絕對不會摻雜肉桂葉精油偷工減料。至於生產者，如果我們還想要取得斯里蘭卡的優質純粹精油，那麼絕對有必要放寬標準。我必須向日內瓦那些守門人般的分析師解釋一切，他們肩負責任，確保我們創造和生產的配方長期穩定。他們無法接受因為精油數據有絲毫偏差而改變香水的氣味。

我們整個早上都在處理這件事：在天井中將代表傳統蒸餾用樹皮等級的五個袋子排成一列。木片按照類別分級，最大的木片公認品質最優等，因此價格最高昂。最後一個袋子裝滿碎屑狀樹皮。每一個袋子的氣味差異甚巨，為此我停留良久。拉桑塔立刻就認出這些樹皮，他不斷保證每一個級別的三大組成分子都不一樣。要在我們追求的香氣和為此變更標準的化學成分之間取得平衡，對他來說似乎太苛求了。我們談了很久，我向他解釋，解決方法在於完成品中五個級別的劑量比例，最後我們同意試驗一個新配方。我很清楚必須提高頂級樹皮的用量，不過這麼做會對他的售價造成困擾，也會打亂庫存使用；這點自然不在話下，我們重新談妥價錢。他鬆了一口氣，我知道他已經在思考該如何運用我不會再收購的次級品，那些樹皮將會用在其他精油中，價格較低，賣給沒有那麼吹毛求疵的客戶。他很需要被肯定，我到這裡見他的意義重大，在他的中庭裡，分擔他的難處，向他解釋我們的新需求。

隔天我重回肉桂樹園。樹園中不見日常運作的景象，沒有人安安靜靜地以開山刀砍下枝條，我走進茂密的枝條與樹葉間。這種豐富感受並不常有，我欲罷不能地深吸身旁的香氣，肉桂對我而言就像這個國家希冀的長久安穩。氣味甜美，數十年來不斷重新生長，無怨無悔地供應自身樹皮，每天早晨會有數個手藝嫻熟，且深知如何細心處理它們的家庭前來巡視。肉桂以自己的生命，讓這些家庭的生命得以延續，面對這樣的樹，怎能不令人動容？

憂鬱熱帶的女王——

馬達加斯加的香草

在我們剛過完一夜的木屋露台上，皮耶—伊夫（Pierre-Yves）點燃一根菸，目光在馬達加斯加村四周的丘陵遊走；這個村子位在薩瓦區（Sava）的一個荒山野嶺，卻是香草之地。陡峭的山坡上，方格狀的稻田與受樹蔭保護的小型香草園櫛比鱗次。「無論有沒有危機，都不會改變這裡的人。他們栽種自家食用的米，香草是賴以維生的作物，至少努力活下去……」皮耶—伊夫來自布列塔尼，是擁有一雙藍眼睛的航海家，與馬達加斯加律師結婚，在這個國家居住二十五年。我首次造訪馬達加斯加是在一九九四年，我們共事已經很久了，他熱愛香草植物農業與蒸餾，同時也成為在馬達加斯加村莊打造社會專案的專家。十年來，他建立合作社、挖井，為提供我香草莢的村落福利而建造醫務室和學校。他會說馬達加斯加語，很瞭解這個國家與農民，也是少數知道如何在鄉村打造有用途和永續事物的西方人。由於皮耶—伊夫深諳香草的世界，因此他是我尋求意見和建議時的不二人選。

二〇一七年，香草已經歷整整一年史上最嚴重的危機，馬達加斯加出口的香草莢價格十年內翻了十倍。我來到此地評估情況，制定適合我們的供應商的策略。我的公司是業界最大的香草莢買家之一，我們將香草莢加工成香草精，提供給使用「真正香草」製作產品的客戶，他們是市場上的少數份子，不過相較於添加合成香草醛的人工香精，風味是雲泥之別。

我們交換這個危機的最新消息後，皮耶—伊夫下了個結論：「我以為自己已經完全瞭解馬達加斯加，但是現在這情況完全超過我的理解能力了……」自從我抵達這個國家，我發現許多事物都超乎我的認知。

在馬達加斯加，幾乎一切都不曾改變，就從貧窮談起吧。這裡被世界銀行列為全球最貧困的四個國家之一，是一九六〇年起唯一國內生產毛額衰退的國家，挑戰所有人的認知。風景的美尚能掩飾大肆森林砍伐和對海床的強取豪奪，而大部份公路和橋樑，仍是法國人於一九六〇年離開時遺留的。接連繼任的執政者無所作為，政治和行政貪腐無所不在。健康和教育系統完全失能，法規和國家無心管理而使得投資者灰心氣餒，百分之八十的人口活在貧窮線以下。鄉間無數村莊裡，農民聚落一代又一代，延續同樣一貧如洗的生活。

然而，馬達加斯加卻是令人無法抗拒的國家。馬達加斯加人的人情味和深厚傳統充滿魅力，超乎想像的韌性讓他們在匱乏中知足常樂。中央高地的少數民族梅里納人（les Merinas）擁有印尼祖先的長相和沉著氣質，北方丘陵地的民族薩卡拉瓦人（les Sakalavs）則保有非洲人的外型。

即使二十多年後，穿越鄉下村落仍是震撼的體驗。我們遇見玩著小石頭和木塊的無數孩童，對每一輛經過的汽車用力揮手，高聲打招呼與微笑。面無表情的女人們，從距離村子數公里外的溪流打水頂在頭上帶回。她們回到「茅屋」（case），這是用木頭建造的簡陋小屋，屋頂是旅人蕉的葉片，擁有扇形大葉片的旅人蕉是馬達加斯加的象徵。米是三餐的唯一主食，以柴火烹煮，過了六點，夜色降臨後，火焰就是唯一的光源。

這片廣博領土的景色多樣性非常極端。看不見盡頭的稻田和海灘，尚存的一小片原始森林充滿魔幻色彩……，可以看見最著名的動植物——猢猻樹和狐猴，座頭鯨在布拉哈島（île Sainte-Marie）沿岸產下幼獸。

最後是馬達加斯加真正的女王。她並非此地的特有種，反而從墨西哥的猶加敦州（Yucatán）遠渡重洋而來，在島嶼東北部繁衍。馬達加斯加的女王不是別人，正是香草。

我決定再訪馬達加斯加主要是為了危機，不過我也想放慢腳步，與我們的馬達加斯加夥伴兼供應商視察我們設置的計畫。近年來，香草的重要性與馬達加斯加的極端貧困，終於受到產業正視，並投資發展行動，讓他們獲得水源、健康、教育和就業輔助，必要建設多到不知令人從何著手，不過只有瞎了眼或是泯滅良心的人，才有辦法不顧當地農民的困境在此做生意。

我們於前一天離開合作夥伴的建設，他是皮耶—伊夫的員工。一開始我們駕駛皮卡車，直到沒有路以後，我們沿著山坡小徑，在後座緊抱著年輕的摩托車嚮導；因為荒郊野外的路況彎曲崎嶇，造就了許多越野摩托車冠軍。抵達村落前一小時，我們遇到一列帶有超現實色彩的商隊。兩名持步槍的男子護駕，十個挑夫跟在一位神氣的香草收購者身後。他們踏上長達三天的荒野徒步之旅，只為了收購綠色香草莢，加工後變成可供出口的褐色狀態。交易全程以現金進行，收購者必須親自前往村落，有時目的地相當荒涼，需要步行多日，他們會隨身攜帶足夠的鈔票，以支付他們欲收購的貴重香草莢。

在馬達加斯加鄉下，商品一律徒步運輸。挑夫肩頭上扛一根大竹竿，兩頭各掛二十五公斤重的貨物。像是水泥、香蕉、香草莢等物，在任何車輛無法通行的路徑，就靠肩挑往來運送。不過近兩年，香草價格暴漲卻造成可怕的後果。那天我們遇到的商隊運送的並不是香草莢，而是一包包付款用的鈔票；更精確地說，是包在農用塑膠布裡的光整方塊，每塊「重達」五萬美金！五個挑夫，每人各扛十萬美金，與稻米挑夫和領隊交錯，不用說，人人都配有步槍。在這個農民平均收入每日最多只有兩三塊美金的國家，他們組成身價高達五十萬美金的行列。收購者和他的人馬前去購買八公噸鮮綠香草莢，只能製成一公噸左右可出口的黑色香草莢，產季期間必須生產至少一千五百公噸才足以應付市場需求。我們抵達時，挑夫和武裝男子決定稍事歇息。眼前的一切實在匪夷所思。這些男人如此賣力，擔著肩頭上三十五公斤的重量步行三十五公里一整天，這些重量不到五分鐘就會讓我的肩膀痛得要命。價值超乎想像的黑色包裹，就在這條沒入森林深處的路旁，商隊看似平靜，不過我們很清楚，只要稍有風吹草動，兩名護衛就會立即開槍。我們跨上摩托車坐在駕駛身後，因為我們和村落的收購者約定共進晚餐，並且在他家過夜。

我們沿著河谷繼續路程，谷底是剛收成的稻田。山丘到處都是新開墾的香草園，是隱密的小花園。藤蔓爬上以開山刀清除雜枝的攀緣樹木生長，以利香草莢在樹蔭和陽光之間成熟，雖然賞心悅目，卻預告即將面臨的生產過剩。「你知道兩年後的香草莢總量會有多少嗎？現在人人都為天價瘋狂，沒人多加思考，但是價格崩盤的時候，我們該如何處理生產者？」抵達村落時，皮耶—伊夫對我拋出這個問題。

我們前來參加新建物的落成典禮，那是我們出資建造的小學，共有六個班級。這是一項與香草生產村民合作社的合作計畫，我們讓摩托車駕駛帶我們進入村中參加典禮。兩百名興奮不已的孩童迎接我們，在教師的指揮下，以法語齊聲高喊：「您好，我們非常歡迎您的到來。」當地的督學必須出席，不過皮耶—伊夫告訴我，自從法國贊助他一台摩托車方便移動巡視，他反而忙著做摩托計程車的生意，荒廢本業。落成典禮當天，政府部門的代表缺席，我看著孩子們，湧上一陣哽咽。這就是馬達加斯加生活的悲哀寫照。簇新的校舍，還有堅固漂亮的木製長椅，可是沒有書本。孩子們只有筆記本和一位教師，通常教師的薪水會晚四到六個月入帳。有時候他會到校，有時候不會。我們交流意見，那天學生們的父母都在場。馬達加斯加人很熱情，我們就是當天的焦點。皮耶—伊夫和我都堅定主張作物多樣性，我們的訊息如下：種植丁香或粉紅胡椒，才能開始擺脫香草種植單一收入來源的命運。

入夜後，挑夫也到了，一包包鈔票整齊放在收購者準備香草莢的房裡。那就是我們要過夜的地方，睡在被五十萬美金圍繞的兩塊床墊上。晚餐共享米飯和蛋的時候，收購者承認他並不安心，因為從未有人經歷過現下的狀況。明天他要整理現金，還要到更遠的其他村子分配金錢，需要步行兩天。三名配帶步槍的挑夫輪流看守，惹得我難以放鬆入眠。我很意外，竟然有少許電力照明，來自現在到處設置的中國太陽能板。馬達加斯加的偏鄉一步步有了進展：十年前出現手機，兩年前有了摩托車，現在則是太陽能發電。

隔天，我們在孩子們的歡送聲中離開校舍，選擇各自的摩托車駕駛。當時正在下雨，我們必須走陡峭的山坡下山前往溪流，那是唯一的返程之路。路線處處坍塌陷落，必須推著摩托車越過及膝的流水和泥漿。兩小時後，我們抵達貝馬里伍河（Bemarive）邊的獨木舟站。這些傳統上利用撐篙前進的鍍鋅長形鐵皮小船，現在越來越機械化，船篙一頭配備小引擎，另一頭則有螺旋推進器。在水深距離河底高點只有三十公分的季節，船夫必須很有技巧才行。

順流而下，需要三個小時才能回到公路。雨下得更大了，權充頂棚的塑膠防水布失去作用。溪流變寬且水色灰濁，幾乎與周圍的山景融為一體，構成中國畫般的背景，佈滿無數斑斑點點的雨滴。一艘艘小船緊緊相依排成的大圓圈就是港埠，上面人來人往，女人們在岸邊煮飯。我們在水中卸貨，全身都濕透了，到達公路後跑進一間棚子躲雨，一位母親和女兒們在那兒販售瘤牛肉串。我們圍著炭火邊吃邊喝咖啡，同時等著吉吉（Gigi）抵達，她是我十年來的香草合作者。吉吉也是一位女王，雖然沒有頭銜卻無人不曉，她就是馬達加斯加香草的統治者。

十五年前，我在安塔拉哈（Antalaha）與她結識，當時她還沒成為薩瓦區備受敬重的香草權威。薩瓦區是東北沿岸香草產區的大三角，而安塔拉哈和桑巴瓦（Sambava）是兩大香草莢首府，所有出口商都會在兩座城市之一擁有倉儲。每次與吉吉見面都會勾起往事回憶。我們在桑巴瓦降落，沿著海岸南下安塔拉哈，那條路線坑坑洞洞，不過低速四驅共乘計程車和卡車照開不誤，緩慢陷入巨大凹陷的車轍，每下過一次雨就變得更深。八十公里的路途要花費三個小時。一小群香草莢出口業者懂得要放下競爭，每週一晚，在一幢華美的濱海殖民式房屋中共進晚餐，屋主是長期定居島上的法國大家族。走幾步路就是小造船廠，仍生產木製單桅帆船，廠中有幾個外僑，以及在香草產業中很活躍的華裔馬達加斯加家族代表。

自從馬達加斯加獨立以及法國人撤退後，香草莢的貿易和出口成為東岸兩大經商成功族群的遊樂場：「kharanes」，印度－巴基斯坦的穆斯林，其中幾個家族在島上致富；還有中國人，他們是一九〇〇年開始，前來為法國人建造鐵路的廣東移民後裔。我仍記得那些晚餐時光，對話始於最近的香草市場大事件，通常以整個香草歷史的軼事作結。

我們熟悉的褐色或黑色香草莢其實產自香草，是一種攀緣蘭花，原產於中美洲，果實呈綠色，類似某種成串的大四季豆，稱為果莢，可長達二十公分。一五二〇年，埃爾南・科爾特斯（Hernán Cortés）抵達後來的墨西哥城的特諾奇提特蘭（Tenochtitlan），阿茲提克皇帝蒙特蘇馬（Moctezuma）命人端給他一杯飲料，埃爾南・科爾特斯注意到芳醇的香草滋味，不但是飲料的主角，更能讓可可和辣椒混飲的苦味變得溫潤。他取得香草莢，帶回西班牙。阿茲提克人讓香草莢在藤蔓上成熟，果莢顏色變黃，裂開並飽含香氣。歐洲到一八五〇年為止，都以這種形式食用香草莢。

十七世紀時，人們從墨西哥帶回香草，在安地列斯群島（Antilles）和圭亞那（Guyane）種植，於溫室中栽培。香草生長良好，也會開花，不過卻出現一個難解之謎：植株從來不結果莢。一八二〇年，人們到留尼旺島（l'île de la Réunion）重新嘗試，這次實驗長達二十年，卻連一根果莢都沒有收穫。令人難以置信的是，解決謎題的既不是科學界，也不是當年的偉大植物學家。一八四〇年，留尼旺島上一名十一歲的男孩艾德蒙・阿比烏斯（Edmond

Albius），他是奴隸的孩子，完全靠直覺理解到墨西哥某種特有蒼蠅所做的事：授粉。他獨自一人進行授粉，利用橙樹的刺，手工讓花朵的雌蕊和雄蕊接觸。奇蹟就這麼發生了，藤蔓結出果實，對西方人而言，這就是香草的誕生，多虧這項沿用至今的技術。歐洲人經歷超過三個世紀才搞懂香草。

十年後，一名種植者以殺青法處理果莢。綠色的果莢浸入攝氏六十度水中數分鐘啟動酶反應，進而形成無比美妙的香氣。這項技法立刻大受歡迎，而且需求大增：一八五八年，留尼旺島生產兩百公噸香草莢。一八九〇年，已經完成一整道香草莢的生產線。很快地，留尼旺便面臨人力不足的情況，法國殖民者將香草引進葛摩（Comores）與馬達加斯加附近的島嶼，貝島（Nosy Be）和布拉哈島。

一八九六年，馬達加斯加成為法國殖民地時，香草莢的產量猛然激增：從一九一〇年的五十公噸，到一九三〇年達到一千公噸以上，超越全球消費量。二十世紀下半葉，全球香草莢生產地圖重劃版圖，多個國家緊追在馬達加斯加後方，分食剩下的市場：印尼、烏干達、坦尚尼亞、葛摩、墨西哥、巴布亞紐幾內亞（Papouasie-Nouvelle-Guinée）和印度。有其他國家正在考慮，也有其他國家即將加入香草的全球市場，對香草風味的喜愛放諸四海皆然。

吉吉是中國—馬達加斯加混血兒，生活逼得她不得不獨立幹練。她的母親被生父棄養，十五歲時與中國男人結婚，生了十三個孩子，最年幼的就是吉吉。她的父母在桑巴瓦北部經營一家雜貨店，五〇年代起，馬達加斯加尚未獨立前，他們便開始收購出售香草莢。吉吉從六歲就開始分級香草莢，學習香草買賣，無論品質、級別還是乾燥，什麼都會。十七歲時，她追隨母親的腳步，開始前往偏鄉，到村裡收購香草莢，距離位在北安齊拉貝（Antsirabe Nord）的住家要徒步足足兩天。她不但成功成為出口商的收購者，最後更決定與法國合夥人合作，自己當上出口商。我在吉吉草創公司的時候認識她，後來公司成為兩大香草出口商之一，是不容小覷的成就。

她的個子嬌小，眼神堅定，說話聲音溫柔，從自己的出身和年輕時期得到堅定意志與雄心。她在業界的獨特之處，在於和農民的親近感；和這些小農相識多年，改善他們的命運是吉吉在事業之外最重要的使命。

吉吉傳授我許多香草的知識。她告訴我偏鄉的貧苦境遇，特別是「青黃不接」的時期，也就是稻米已經吃完，但是新的收成尚未進來的時期，許多農夫不得不採收掛在枝頭上仍青綠的果莢，廉價賣給鎮上雜貨商以換一口飯。這正是不公義之事，比比皆是，對營養不良的兒童而言，溪水是唯一的飲用和洗澡水，學校經常師資短缺，最近的基礎醫療機構必須步行超過一天。

吉吉帶我參觀她的設施，數百名「分級女工」負責揀選九月至一月採收的香草莢，她一邊告訴我馬達加斯加香草的複雜性。

她旗下有至少八萬名小農，事業版圖據點廣大。農民平均經營佔地一公頃的香草，對其中大部份的人而言，這是他們唯一的收入來源。他們先種植遮蔭樹，可當作藤蔓環狀依附的攀緣樹並在其上開花。十月份是花季，女人在植株間穿梭，以竹片和橙樹刺為每一朵花手工授粉。小農在六、七月間採收綠色的果莢，賣給數個村莊規劃的市場。收購者就是在這裡購入果莢，在「加工」之前經常會轉手三、四次，最後才由出口商買下。要獲得漂亮的香草莢，勢必少不了等待果莢成熟到可以採收的耐心，也就是花朵受精後九個月。成熟果莢進入嚴謹系統化的殺青和乾燥，接著轉為褐色。長達四個月細心呵護的乾燥期間，酶會在果莢中形成香草醛，逐漸賦予令香草莢成為世界巨星的風味與香氣。最後，果莢會依照品質與尺寸，分成頂級（gourmet）、紅褐色（rouge）、果裂（fendues）、無果裂（non fendues）、短莢（courtes）與碎香草（cuts）等級別。這些是香草產業的術語，這一行中有許多爭先恐後想加入的人，必須調動大量資金，氛圍永遠充滿競爭和較勁。

馬達加斯加島如今生產全世界超過百分之八十的香草，僅花費數十年就達到頂級品質的「波本」（Bourbon）香草，成功建立從產品到國家的認同。對全世界而言，香草一定來自馬達加斯加，即使消費者沒有意識到其珍稀性。大部份使用合成香草醛的產品中都有香草風味，唯有最優質的冰淇淋和甜點才會使用真正香草莢。

吉吉的家與工廠比鄰，後者是她在家鄉剛竣工的新單位。這些建物裝得滿滿，香草莢平鋪在數百張墊布裡，放在碎石地曝曬。屋頂上有一名專精當地氣候的氣象觀測員，若雨雲往工廠移動，會發出提醒。如果有降雨跡象，就會動員大家折起所有墊布，以保護香草。

建築物裡有三百名女性，忙著依照等級和長度揀選香草莢。她們一根根仔細檢查，「整理」果莢，也就是讓果莢顯得光滑，並觸摸以評斷濕潤度。風乾是最重要的工序，可使果莢狀態穩定，捆成小束後保存也不會發霉。

吉吉以疲憊的聲音給予建議和發號施令。她受夠連續第三場不盡理想的收成。我們在分級倉庫中來回踱步對看，我知道她心裡在想什麼。香草盜採果莢的情況越來越普遍，我們知道大部份的收成是在果莢成熟之前採摘，也就是說，這些貨物的品質低劣，香草醛含量過少，令客戶大失所望。

她比任何人都更清楚這一點，香草的生產和貿易的歷史動盪不安，是一再重複的危機，集所有磨難於一身：當局的貪腐、買家和中介者的投機行為、雨季和颶風越來越不規律，每一兩年就會襲擊香草園。

二〇〇三年，第一波重大危機衝擊香草。多處收成不佳導致庫存不足，造成買家恐慌，香草突然面臨短缺，使得價格暴漲，幾週內飆升五倍。整個香草業亢奮激昂，大量金錢湧入收購者口袋。我回想當時桑巴瓦的街道，擠滿汽車、床墊、電視和音響，活像是一場消費的狂歡盛宴，賣家甚至偷偷地在香草莢中混入釘子以增加重量呢！但是盛況只持續了幾個月。驚慌之餘，香水產業調整香氣配方，盡可能減少冰淇淋和優格中的天然香草含量，而中國的合成香草價格是三十分之一，可以作為退而求其次的方案，但也讓這些食品從原本豐富的天然香氣，變成單一貧乏的滋味。馬達加斯加將會為這一年的危機付出極高代價。業界調整配方使得需求一落千丈，隔年便庫存過量，香草維持嚇人的低價整整十年，平均每日收入只有一到兩美金，使種植者陷入極端貧困。

吉吉因此力圖振作，集合四十座村莊中她熟識的三千名農夫建立合作社，這是她為了在學會怎麼收購時，能夠順便檢視他們的狀況。她成功獲得「有機」合作社認證，讓香草莢的價格更好。我對那些年記憶猶新，業界無視過度低廉的價格，繼續進行買賣。也就在這個時刻，出現第一批客戶，希望在當地投資計畫支持農夫。我們自己透過購買有機香草莢，努力支持給農民更高報酬的吉吉。

然而接下來的情況持續惡化：價格過低使其他生產國放棄，僅剩馬達加斯加這個唯一香草出口國，窮到連停止生產都是奢求，被迫繼續以同樣低價賤賣香草莢……。幾次收成不佳再度造成庫存不足，然後又一次缺貨，十年後同樣的危機又回來了。這次的危機，自從我造訪吉吉後已經持續兩年，至今尚未結束。

這場危機令香草莢價格翻了十倍，是前所未見的瘋狂事。湧入香草產區的現金金額之高，生活因此產生劇變。桑巴瓦在幾個月內，塞滿數以千計從印度引進的嘟嘟車。嘟嘟車是兩三名馬達加斯加的富人所擁有，出租當作計程車。摩托車也擠滿市區。年輕人開始非法交易香草，嚼起恰特草（khat），這是一種可減輕疲勞且具興奮劑效果的藥草，從葉門和吉布地（Djibouti）流傳開來。商家充斥中國商品，而在偏鄉村莊中，為傳統木造房屋添加鐵皮就是外顯的富裕標記。食物的價格飛漲，桑巴瓦在整個國家的邊緣掙扎生存。

吉吉告訴我這個危機中偏鄉的暴力行為。盜採未成熟香草已經司空見慣，若逮到小偷會私刑處置。眼看旗下一些最優秀的合作社農夫失去判斷力，由於太害怕盜採，等不及果莢成熟九個月，提前至五個月就採收，在在令她無比痛心。收成後的果莢埋入土裡或用塑膠布蓋住，然後取出賣給不明所以的中國人，或是賣給印度人，將其走私出口，最後在印度加工。這已經不能叫作香草了。這一行的人並不是投機分子，亦非幫派，而是花了一輩子經手處理這種辛香料，他們與香草的品質是綁在一起的。近三年來，他們活在痛苦中，迫不得已只能提供品質平庸的香草。

牽涉到的金錢總額令人失去理智，到處都是非法交易。由於這場動輒數百萬美金的價格變動，香草變成洗錢的遊樂場，而馬達加斯加最不缺的就是黑錢。尤其是違法出口的「花梨木」，這種當地精油備受中國人喜愛，將不計一切代價弄到手。對於原本應該受國家公園保護的花梨木遭受荼毒，皮耶—伊夫無法以言語表達內心的難受。由於成為囂張走私的目標，只要能夠接近的樹木全都遭到違法砍伐，當局也是幫兇，數百個裝滿花梨木原木的貨櫃就這樣逍遙法外地出口。這些事件行之有年，現在數千萬美元滾進香草市場趁機洗白。在偏鄉，香草價格不斷攀升。我拜訪吉吉的年代，香草是「散裝」的，她購入成批經過殺青和簡單乾燥的香草，自己處理最後工序。她接受客戶數百萬美金的預付款，在各個路線運送成袋鈔票時還必須承擔難以想像的責任。

我下訂單時，內心恐懼焦慮。價格昂貴到必須預付款項，金額高達數千萬美金，看了都讓人腳軟。我的公司位於日內瓦的財務部門為此相當擔心，而且他們的擔心其來有自。我盡量不要告訴他們鈔票在偏鄉的運輸方式。人人都坐立難安，吉吉首當其衝。我們的生意完全建立在信賴上，但是我不知道這份信賴還能持續多久。

隨著價格再度崩盤，吉吉和皮耶—伊夫很清楚這個危機不會終止。除了其他五、六個大量種植香草的國家，馬達加斯加也顯示出兩三年後將面臨的生產過剩。吉吉很難接受價格填不飽肚子的情況又要重演，她太清楚營養不良的狀況，這些年，我曾數度親自陪她到學校分發「點心」給孩子們，確保他們一天至少有一頓正餐。

我向她保證事情會有起色，比起五年前，香草使用者對原產地的情形掌握更多資訊，而且說到底，沒有任何人希望憾事重演。我提到整個產業都希望價格恢復正常，對農夫而言也是一樁美事。我努力展現說服力，吉吉也假裝相信我。吉吉和皮耶—伊夫就像熱血勇敢的軍人，在香草戰爭的前線已筋疲力盡……

去年我重返馬達加斯加，那兒開始出現一些良善的創舉。吉吉不再孤軍奮戰，許多香草使用者都希望投入「產地」的發展建設計畫。雖然是新近的行動，不過相當有力，可以感受到來自消費者的壓力。香草農夫的待遇如何？孩子們是否接受正常教育，或是父母在田裡工作時是否有人協助孩童？這些都是面對複雜現實的合理關注。

這一次也是在雨中，皮耶—伊夫帶我參觀與一名合作農夫的最新成果。兩座香草園中新增一片粉紅胡椒園，美麗的樹木掛滿一串串稱為「假胡椒」的紅色果實，是香水原料的選擇之一。我們輕觸、嗅聞、咀嚼果實，孩子們圍過來，靦腆嘻笑地模仿我們。我問身為布列塔尼人的皮耶—伊夫關於他的未來……，他如何看待此地的處境？「一直以來我都很樂觀，我曾經真心相信馬達加斯加能夠走出困境。但老實說，我已經失去信心了。」他最後不甘心地回答我，藍色眼珠黯淡下來。我們走到樹蔭處，他點燃一根菸。一陣沉默後，他接著說：「不過我還是繼續奮鬥，為了吉吉，也為了這些孩子。」

我聽著皮耶—伊夫的話，雨停了，太陽即將西沉，腦海中浮現二十五年前初來乍到馬達加斯加的情景。當時必須從貝島搭乘破舊不堪的渡輪，航行三小時橫越莫三比克海峽。甲板鏽痕斑斑，剛好足夠乘載十二頭瘤牛、一兩輛貨車，以及擠成一團的乘客。整艘船在豔陽和熱帶驟雨難以預料的天氣下，吃力地前行。從瘤牛那一側望去，只見太陽落入重重雲彩，克勞德．李維史陀（Claude Lévi-Strauss）在《憂鬱的熱帶》（*Tristes Tropiques*）精彩的開頭描寫從記憶中浮現。他在沿著巴西海岸的船上，描述滿心激動面對夜幕降臨前的熱帶天空，那裡映著金紅光芒，洶湧澎湃的天色轉瞬即逝。

六十年後，在距離巴西極為遙遠的地方，我也看著馬達加斯加的熱帶天色逐漸變暗，這座複雜紛亂的島嶼，是我在世界上牽絆最深的國家之一。然而不變的是，每當我前來探望女王般的香草，李維史陀的書名就會在我腦海中迴盪，就像見證永無止境的漫長悲劇一再重演，島嶼命不該如此，這場悲劇也無可饒恕。

暗香之葉——印尼的廣藿香

二〇一七年九月，雅典洲際飯店（Hôtel Intercontinental）裡，一千三百名香水業的原料生產者、批發商和買家齊聚一堂，展開年度大會。他們的專業協會「國際香料香精協會」（International Federation of Essential Oils and Aroma Trade, IFEAT）每年在不同城市籌畫這項盛會，雅典獲選為慶祝結盟四十週年的城市。我是協會的委員會成員，這年輪到我主持大會，對週年紀念而言，既是榮耀也代表肩負重任。來自世界各地的代表湧進預定四天的會議，飯店搖身變為嗡嗡響的蜂窩，波士尼亞或斯里蘭卡的小型蒸餾廠主與國際大集團買家平起平坐。許多與會者認識多年，每年都很高興能見面；吵鬧之餘，也孩子氣地擁抱彼此。香水業大家族的年度會面，既是批發商的激烈戰場，也是熱鬧喜慶的場合。為了慶祝創立週年，協會編輯印製了一本紀念冊，回顧所有歷史。第一頁就敘述 IFEAT 令人訝異的開端。

在二〇一七年的代表中，仍知道並記得協會開端的人不多了，香水產業之所以決定成立團體，是一段匪夷所思的歷史的結果，這段驚世醜聞的倒霉主角，正是廣藿香精油。

充滿異國情調又令人迷醉，性感且神祕，十九世紀末以來，廣藿香精油是出了名的魅惑之香，導致其來到歐洲時，被倫敦和巴黎的布爾喬亞階級歸類為下流粗俗的氣味。廣藿香的個性強烈，隱含道德解放的意味，又原產於印度，擁有吸引七〇年代反主流文化的所有王牌，魅力強大到成為象徵之一，以瓶裝精油、線香或沾上香氣的衣物各種形式存在。身上散發廣藿香氣味的嬉皮成為艾比納爾（Épinal）的印象。十九世紀末成為香水成分以來，廣藿香精油從未退流行，是一連串成為時代標誌或是勾勒潮流的偉大香水的核心，嬌蘭的「蝴蝶夫人」（Mitsouko）就是一例。不過到了一九七〇年，新成立的香水品牌 Réminiscence 在坎城的店面推出「廣藿香」（Patchouli）時，成為一整個時代的象徵。這款突出的香水由於廣藿香含量極高，讓人印象深刻。

因此，這項重要的象徵性原料於一九七六年九月引起流言蜚語，並在全球香水界刮起一陣驚懼之風。《紐約時報》（*New York Times*）當時刊出一張照片，一名美國重要的精油中間人手叉著腰，滿臉狐疑地看著一批打開的桶子。他剛發現收到的桶子中並非預期的廣藿香精油，而是灌滿泥水，最上面飄著一層薄薄的精油。這些是來自印尼兩千桶貨物的一部份，原本應該以廣藿香為主；商品價值兩百萬美金，依照慣例，在裝船時就已付清。原產地的價格驟漲，即使有信用狀，印尼出口商依舊無法履行合約，因為他沒有精油，只好在魚目混珠後憑空消失。這對業界而言簡直是晴天霹靂，是不得了的大事，驚愕之情不下羞愧和憤怒。

在如此精神衝擊下，受騙買家紛紛採取行動，急忙趕到印尼，暴怒威脅樣樣來，試圖與當地官方談判。然而一切徒勞，沒有任何人成功拿回他們的錢。這道傷痕極深，揭露了產業的弱點，尤其是買家對產品的流通和收購一無所知。積極參與這件事的人士提出疑問，想辦法進一步控制從源頭供應的產業鏈。幾個月後，一小群重量級英國、美國和法國批發商聚在一起，暫且把激烈競爭放一邊，一致同意成立協會，目標是集合專業人士，並加上管理規則。IFEAT 的成功超乎他們預期，成為交流資訊的平台，更是全球天然產品最重要的集會。

作為香水界的偶像明星，廣藿香這種灌木的葉片在印尼種植與蒸餾，廣受調香師推崇，是調香盤中必備且無可取代的產品，也是他們會帶到無人島的十大原料之一。由於對業界而言舉足輕重，廣藿香精油花費超過三十年，才終於擺脫具爭議的原料形象。隨著一年年過去，超凡的廣藿香產品成為我們行業的重要指標，也是業內人士討論的重要話題。長久以來，年度會議有這樣一個傳聞，是關於印尼出口商和業界大型買家之間可能簽署廣藿香合約。無論是祕密進行，或是反其道而行的刻意張揚，這些會面都受到密切關注與評論，是牽涉重大利益的場合。尤其是廣藿香的價格，人人都知道是在大會上拍板定案，在同行間引發數星期的常見議論：「等 IFEAT 的決策吧」、「IFEAT 之後狀況才會明朗」，或是「一切操之在 IFEAT」。精油的供貨量和價格永遠處於不確定的狀態，說明了這些重要參與者的煩躁不安，而價格就是經常捲起熱潮的結果。

廣藿香植株不起眼，頂部渾圓，長滿深綠色帶絨毛的葉片，葉片經過略微發酵、以手摩擦時，才會散發氣味；其香氣強烈濃郁，難以形容，從去污劑到最張狂的小眾香水都會用到。令人神魂顛倒的誘惑香氣，對調香配方留下深遠影響。廣藿香成分的複雜度，反而使其無法以合成方式重現，是香水創作的絕妙手法，仍大量運用在現代配方中。廣藿香是奇特的矛盾體，長久以來很令買家傷腦筋。由於種植地不斷遷移，農夫沒有穩定收入，品質時好時壞且容易受價格暴漲影響，必要又無法取代的廣藿香似乎永遠不受控。

雖然廣藿香原產於印度和菲律賓，不過七世紀起，便已出現在中國的焚香配方中，並作為煎製藥材，具有抗發炎和殺菌效用，而葉片也摻入墨汁中，使墨跡散發香氣。印度人以乾燥葉片為喀什米爾織品沾染香氣，進而使英國人愛上，廣藿香氣息也成了異國情調的代名詞。進口丸狀葉片，就可以模仿印度披肩，放在乾燥香花中使其散發香氣，並可防蟲蛀。為了滿足歐洲人對廣藿香的欲求，一八五〇年起，英國人在馬來半島、海峽半島鼓勵發展種植，新加坡因此成為廣藿香首府，中國南部的移民則是最早種植廣藿香的先驅。這是廣藿香蒸餾與精油貿易的風雲時代開端，也讓這個香氣成為此群體的名產長達一個半世紀，直到今日。一九二〇年開始，新加坡變成葉片與精油蒸餾的出口中心，直到廣藿香在蘇門答臘落地生根，並在北部的亞齊省（Aceh）蓬勃生長。島嶼北部的首府棉蘭（Medan）取代新加坡的地位，而新加坡於一九六五年獨立後另有打算，搖身變成廣藿香之城，其貿易大權掌握在華裔家族手中，也是大型出口商的聚集地。

回到雅典的 IFEAT 大會，我見到佩特魯斯（Petrus），身為印尼華僑的他是廣藿香精油三大出口商之一，一九六七年就進入貿易業界。二十年前，他帶我認識蘇門答臘的廣藿香，為此我非常感激他。佩特魯斯並沒有忘記一九七六年的那樁醜聞，他與事件擦身而過，認識牽連其中的所有重要人物。他興致盎然地看著《紐約時報》上的照片，喃喃說道：「這件事真的很離譜呢……」佩特魯斯是最後一個仍住在棉蘭的大型出口商，因為目前精油製造大部份搬遷至蘇拉威西島（Sulawesi），即西里伯斯島（les Célèbes）。許多年過去，他始終不變，如字母「i」清瘦挺拔。我稱讚他的時候：「佩特魯斯，你的外表二十年不變，是怎麼辦到的？」他會以大大的微笑回答我：「是廣藿香。我忙著工作和煩惱，根本沒有時間變老。」

我們一起回想初識的遙遠記憶，也是我認識廣藿香的記憶。一九九八年，佩特魯斯陪同我前往南蘇門答臘，當時，幾個爪哇家庭因為政府想要限制爪哇人口過剩的政策而流離失所，剛被安置到明古魯地區（region de Benkulu），而他們也開始生產葉片和精油。我們爬上高原，那兒的森林剛被砍倒。棕櫚油進駐之前，腹地遼闊的蘇門答臘已經是印尼的農業發展中心：人們砍伐樹木，焚地開墾，然後種植作物。我記得那些新組成村莊中的家庭，他們住在簡陋的木板小屋中，身穿爪哇服裝，頭低低的，顯得有點徬徨默然。對於被迫遷居別無選擇，他們對蘇門答臘幾乎和我一樣陌生。田園看起來像意外出現在此，顯然最近才栽種，最多不會超過一年。廣藿香只是過渡期的作物，蒸餾工人亦然。有些地塊長滿椰子樹，有些光禿禿的曝曬在太陽下，有些面積窄小，有些佔地超過一公頃。作物苗床精心排成一道道直線，有些苗床則混合幾排蔬菜，明顯沒有任何種植模式。我們看見農民將大捆大捆的廣藿香枝條推在一起，放在住家遮雨棚下陰乾數天，以取得最多蒸餾產量。蒸餾廠在村莊下風處的小溪旁，由三個油桶組成，第一個用來燒水產生蒸汽，另外兩個裝有鐵皮圓錐頂，裝滿葉片，權充傳統蒸餾壺，廣藿香精油則以湯匙收集。我回想那位嬌小的爪哇女農民，跪在小溪裡，手中拿著湯匙撈取從竹管中滴落、浮在小水坑上的精油，然後倒入塑膠可口可樂罐。一切的一切都令我想起安達盧西亞的吉普賽人煮膠的景況，只不過是我從未見過的蒸餾方式。

佩特魯斯笑瞇瞇地說：「印尼應該有將近一萬座這類型的設備。不過在這裡，他們初來乍到，什麼都不懂……尼亞斯和爪哇的狀況好多了！」

佩特魯斯和他的同行也跟隨這股移民潮，在廣藿香生長的地方設置收購中心和分公司。「我們收到各種顏色和成分不一的精油。我的工作，就是要把這些精油弄乾淨然後混調，確保品質穩定，符合客戶的期待。」我們參觀他位於棉蘭的倉儲時，他向我解釋。其實，中國出口商的成功關鍵，就是收購保存不同來源的精油，提供統一的品質，也就是「混調」（blend）。由於數度造訪佩特魯斯，我對他的過濾裝置記憶深刻。精油從廠房高處流經竹編細密托盤組成的網絡。我好愛欣賞數不盡的精油滴，在這趟精心設計的過程中，逐漸流失水分和雜質，這裡就是採摘自印尼無數丘陵的葉片的終點。這些水泥建造的工廠，伴隨熱帶的高溫，廣藿香的氣味排山倒海湧上，我從此再也沒有體驗過如此勁道。

「我從來搞不懂，這麼小小一片葉子，竟然可以產生如此強勁深濃的氣味。」奧利維耶（Olivier）驚嘆，他是我公司中的另一位香水大師。這位業界之星憶道：「十八歲時，我經過坎城安提柏路（rue d'Antibes）上剛開幕的 Réminiscene 店面，因此認識了廣藿香。香氣飄到路的遠處，而且據說廣藿香可以掩蓋大麻的氣味，帶有悖德的感覺，因此更加誘人。他們的香水配方有一半都是廣藿香精油，從來沒有人能做到這種程度！」奧利維耶是一九九二年發售的「Thierry Mugler Angel」香水的創作者，這款香水無疑獨具一格，廣受歡迎，被香水界視為革命性的作品。這款作品源自對美食香調的狂戀，始終是全球最暢銷的香水之一。因為我們談到廣藿香，奧利維耶告訴我這件創作的起源：「品牌的香水負責人叫做薇拉，她想要一款充滿濃濃女人味的香水。我以一件私人創作『帕楚』（Patchou）為出發點，其中含有一半廣藿香和香草。我好愛這個香調，因此想方設法運用它。」奧利維耶花了整整兩年的時間，每天努力將「帕楚」化為「天使」。他透過這款香水，描述提耶里・穆格勒（Thierry Mugler）在阿爾薩斯的童年回憶，加入帕林內、咖啡、蜂蜜香調，再加上香草，突顯黑醋栗和葡萄柚的香氣。「我選擇不要使用花香搭配廣藿香，而是透過美食香調為其增添難以抗拒的魅力。」「天使」的配方最後維持單純，只有二十六種原料，一半是經典成分，並且保留四分之一的廣藿香，是相當可觀的劑量。奧利維耶分享他對精油的感受。廣藿香帶有發霉、皮革、辛香料、菸草和腐植質氣味，幽暗肉慾的特質，能與任何木質調完美結合，男香女香皆適用，不分性別、超越香氛、撩人銷魂。在辦公室裡，奧利維耶無法抗拒地拿出幾瓶廣藿香，浸潤試香紙。從第一張試香紙開始，印尼的田野回憶一口氣湧上我的心頭。調香師表示暫停片刻，我們便開始嗅聞其他不同的部份，都是他正在創作的配方香調。他近乎低語地繼續說道：「森林地面、腐植質和氣味，也跟色彩有關。我一直覺得『天使』是藍色和黑色的。對我而言，廣藿香是黑色的。如果我想要在香水中加入黑色，就會使用廣藿香。」他的肺腑之言令我再度想起墨汁中的廣藿香。我喜歡調香師的觀點與黑色帶香氣墨汁的碰撞，墨汁會在紙上留下若有似無的氣息。

一如所有香水界人士，奧利維耶仍清楚記得最近一次發生在二〇〇八年的廣藿香危機。自從一九七六年的事件後，印尼生產組織的脆弱，導致多起重大危機發生，同樣令業界餘悸猶存。移居者手工蒸餾葉片是以數萬名小農為基礎，總是會經過一連串收購人才到達出口商手中。在葉片價格長期過低的情況下，只要遇到其他獲利更高的機會，農民就放棄種植廣藿香。再加上惡劣的天候條件，這番處境引發了一九九八年和二〇〇八年的嚴重危機。相隔十年，由於兩年之間太晚發現精油短缺和飆高的天價，導致相同局面再度重演。各種配方中，廣藿香無所不在，卻是眾人關心的焦點。買家們總會開玩笑說：「香水界只要廣藿香順利，一切就順利！」很不幸地，二〇〇八年由於幾週內價格翻了數倍，廣藿香再也不順利了。香水業界深受其苦，震驚於業界竟然再一次受農夫心情、投機商人的長期惡習以及印尼氣候的左右。業界下定決心要由內而外重新整頓策略。對買家來說，再也無需及時生產，所有大型用戶都有足量庫存，再也不愁沒有廣藿香精油了。

至於出口商，他們開始將品質、穩定度以及投資生產社群視為第一要務。最近我到爪哇視察功能完善的蒸餾廠，設備經過精心設計，以不鏽鋼打造，是買家最希望看到的全新生產模式代表。二〇一〇年起，這些廠房周圍的農夫發起結盟，建立收購模式，將經手的中間人數量降至最低，價格和份量的承諾必須簽署合約。

我們與當地合作對象資助爪哇一間具領導性的蒸餾廠。我在當地的所見，與一九九八年的記憶截然不同：一切嶄新光整，有條有理。爪哇的風俗極為傳統，這座蒸餾中心包著頭巾的女性正在工作，她們安靜地搬運、秤重、填裝。印尼農民很靈巧，有創新精神也肯賣力工作，很符合他們所種作物的價值，而且全新的廣藿香精油計劃獲利也比過往高。創新舉動遍地開花，但理念不變：集合小規模生產者，一座優質蒸餾廠，再也沒有無用的中間人。

五年來，印尼的變化相當驚人。出口商現在會陪同歐洲或美國買家拜訪農夫，討論蒸餾的產量和價格不再是禁忌，資訊廣為流通，已經不流行祕密行事了。近十年來精油的流通相對穩定，這在二〇〇八年是難以想像的情況。廣藿香仍然是天然產品最可靠的指標，而透明、責任、對話、投資生產源頭與尊重耕作者，則是香水產業的新規範。香料種植的世界中，似乎浮現某種良知和道德，這個世界中，在我看來，有些產品甚至危在旦夕。

長久以來，廣藿香的紛亂歷史促使在其他國家嘗試種植。印度、馬達加斯加、巴西、哥倫比亞、瓜地馬拉、蒲隆地或盧安達，都是野心勃勃的計畫。然而對於印尼獨大廣藿香市場，沒有任何可靠的選擇成功問世。如此容易種植和蒸餾的香料植物，竟沒有在多個國家生產，這是相當少有的事。如此異常的現象，或許正解釋了廣藿香難以定義的特質？

綠色的葉片，褐色的精油，廣藿香引領我們踏入黑色歷史的盤根錯節。中國人選擇闇影般的廣藿香，將葉片粉末混入墨汁，彷彿書法家希望香氣常伴落在紙上的思緒；奧利維耶選擇魅影般的廣藿香，企圖在香水中放入毛筆的黑色墨跡。廣藿香精油難以捉摸的濃烈香氣，從中國傳統到調香師的意念，縈繞令人痴醉的黑。

黑暗與光明的國度——

海地的岩蘭草

雖然我向來很清楚，熱帶的黑夜之後很快就是光明，卻未必能預料到在尋找某些產品時，會讓自己面臨令人不安的現實。產地和產品的美好與居民的貧困和境遇之間的衝突，有時讓我強烈自省，關於我到這些國家做的事情的意義。二〇一〇年的大地震，令海地陷入駭人的夢魘。海地的貧窮，加上地震和二十三萬人死亡，無疑讓悲劇更加慘絕人寰。災害一年後，我首度前往海地，穿過太子港（Port-au-Prince）後，我踏上西部省的公路，前往岩蘭草（vétiver）的產地。這趟旅程由皮耶（Pierre）陪伴我，他是島上岩蘭草精油的大型生產者，也是我們在海地的合作夥伴，還有我的兩位同事，我和他們一起負責剛與皮耶的公司共同推動的合作與學校計畫。

親訪海地帶給我內心沉痛打擊。放眼望去淨是廢墟，帆布搭建的難民營綿延數公里，毀壞的國家宮（Palais national），道路間瓦礫堆上的臨時市場，還有漫無目的遊蕩的人群。

近晚時暴雨來臨，瀑布般的雨水從道路的斜坡傾流而下，整體帶著末日氛圍。入夜後，我們越過街道上水洩不通的人群，跨過好幾具已經無一絲生氣的軀體，皮耶面孔緊繃。太子港的死亡無處不在，我們受到巨大衝擊而緘默。我們的心靈，該如何將媒體對鉅額國際援助的報導和評論，與海地首度永無止盡的悲慘生活連結在一起？我感到一陣遲疑：這趟旅行似乎意義盡失。我前來海地探索岩蘭草，並評估我們剛推行的實驗行動的影響。然而，血淋淋地見到這個國家的狀態，突然令整個買賣和生意的念頭顯得無比荒謬，我單純地想，自己究竟為何而來。長期以來的極端貧窮，毫無一絲好轉的跡象，海地是熱帶的沉痛祕密。比鄰的多明尼加共和國繁榮發達，迎來大量觀光客，然而國界的另一邊，什麼都沒有：沒有觀光業，沒有投資。二〇一五年，是我最近一次路過海地，那已經是地震五年後的事，國家宮依舊是斷垣殘壁。

二十年間，皮耶儼然成為這座島精油生產的領主，是具有份量的男人。他拓展父親六十年前建立的蒸餾廠，如今規模之大，當局和大使都會定期來訪。現在，他準備讓孩子們接班。皮耶高深莫測，通常個性激進，他身上有一部份神祕的特質，呼應了這座島嶼的深沉靈魂。他對岩蘭草的熱情一如對這個國家，是絕對的，有時甚至可說是激烈。皮耶是能言善辯的民權守衛者，喜歡吸引他人，他帶著魄力和堅定信心談論海地。他告訴我杜瓦利埃父子（les Duvaliers）的黑暗歷史，洗白毒品金流的祕密，阻斷公路以搶劫燃油卡車，無力處理地震後的國際援助，不過也提到他們的過世對他本人的打擊。他還對我說出內心話：拒絕擔任海地共和國的總統候選人，因為他是農業工程師，夢想是在海地重新推動青檸檬的精油生產。戰後一度繁盛的萊姆（lime）精油萃取，因全島遭受毀滅性的森林砍伐，以及產業活動的整體衰退而消失。

在高踞太子港丘陵上的家中，皮耶過著狗狗常伴左右的生活，牠們分別叫作喬治（George）、柯林（Colin）和康朵麗莎（Condoleezza）。愛犬的名字明確透露皮耶的立場，他與美國的關係搖盪在幽默與怨懟之間；他對美國人對於海地的所作所為的見解，是無法改變的。皮耶是充滿企圖心的商人，也極度多愁善感，對海地人民有極深的感情，他的成就提供人民就業機會，這點實在很了不起，他還有各式各樣的計畫。他保密到家，論及成本和產量時語帶保留，讓與談人和他的公司保持距離。不過我總是很享受與他聊天，聊他的經驗和田地。某天晚上，我正在向他描述，我在海地總是會有一股黑暗與光明的感受，他正色對我說：「千萬別忘了巫毒教。我們這兒，巫毒教無所不在。這是一種傳承、傳統，也是宗教。外人無法真正得其門而入，不過巫毒教滲透海地人的生活。」巫毒教是對鬼神的崇拜，繼承西非奴隸帶來的信仰，混合萬物有靈論和基督教元素，整個社會都拜巫毒教，二〇〇三年起，巫毒教受國家承認為合法宗教，體現在儀式中，人們會前來尋求填飽肚子的幫助、保佑身體健康、愛情或復仇……，慶祝儀式融合鮮花、蠟燭、蘭姆酒，有時候也有骸骨，是信仰中別具意義的物品，信徒也會試圖在這些物品之間進入出神狀態。皮耶向我解釋巫毒教時，我不禁思索，巫毒教在如此性格強烈又神祕的男人身上，究竟扮演什麼角色。

岩蘭草在五〇年代末大放異彩，由於Carven和嬌蘭（Guerlain）的「Vétiver」香水大受歡迎而廣為人知。這兩款香水的結構清爽帶木質調，完全不會令人對於這款精油的來源多作他想。這款精油很奇特，來自一種熱帶草本植物的根部，其草叢外觀平庸卻與眾不同，尤其是根部擁有固定土壤及減少沖刷侵蝕的能力。岩蘭草精油很近似廣藿香精油，兩者都在二十世紀初期才開始使用，不過都在香水界佔有一席之地，因為皆無可取代，而天然岩蘭草的複雜性，也使其免於遭受合成複製。岩蘭草精油產於海地西南角，價格是廣藿香精油的八倍，用量卻只有十五分之一。價值方面，兩者在香水界的重要性不相上下。

一如廣藿香，岩蘭草根部的美妙氣味，在放入傳統蒸餾壺與經過調香師的妙手前，就已經相當鮮明。一七五〇年左右，法國人在原產地印度發現這種植物，深受編成簾子的根部吸引，淋水就可使空氣涼爽，並讓房屋滿室生香。手工藝中使用岩蘭草根部的歷史悠久，今日在海地或馬達加斯加仍延續這項手藝，而岩蘭草編織成的扇子，可以持續散發香氣長達數月。一七六四年，岩蘭草來到波本島（l'île Bourbon），即現在的留尼旺島，一八六五年開始生產第一批精油，不過直到二〇年代，殖民者在島上推動種植香草和天竺葵時，這項產業才真正起飛。全盛時期，留尼旺生產等於現今全球產量的三分之一，不過第二次世界大戰促使岩蘭草漂離故鄉，在遙遠陌生的海地島發展，成為遙遠的新產地，持續至今。

這項成就來自兩位身為工匠的男人。一九三〇年，法國人盧西安．加諾（Lucien Ganot）首度從留尼旺將岩蘭草引進海地種植，十年內成立四座蒸餾廠。在他之後是路易．德朱瓦（Louis Dejoie），一位當地有遠見的農工業先驅。由於他對岩蘭草充滿信心，認為是農民的大好機會，迅速發展栽種和蒸餾廠，並利用歐洲戰爭期間的貧困，藉此穩固供應美國香水業精油。自此，海地強勢成為岩蘭草的世界全新中心，排擠所有其他產地。

距離難忘的初訪三年後，二〇一四年春季，我再次來到海地，評估皮耶在蒸餾廠增設的新區塊，並衡量我們在現場的計畫進展情況。岩蘭草田位於島嶼西部，在萊凱（Les Cayes）、救世港（Port-Salut）和名字奇特的瓦什島（Île-à-Vache）地區的幾座小城市。救世港周圍地勢較高的丘陵，峻峭的坡地種滿一塊塊岩蘭草田，綠色的葉片和該地適合種植的白色石灰質土壤錯落，勾勒出夢幻的地景。幾株棕櫚樹和椰子樹，以及幾棟小巧的房屋佇立著，小型棕櫚葉頂的木造倉庫用來存放根部，最下方就是土耳其藍的大海。我們爬上德布榭特村（Débouchettes），佈滿白色砂土的來路盡頭就是大海。這是皮耶四年前選擇成立合作社的地方，目的是要改善村中種植者的收入。此處的作物獲得「有機」認證，農夫經過明確分級，我們也會以更好的價格購買收成，專門供應給擔心技術可追溯性、社會與環境倫理的品牌。一部份費用會分給合作社，推行村莊需要的計畫，成員首先決定的建設就是學校。

我請哈利（Harry）陪我參加這次旅程，因為我需要他的氣味鑒定能力，確保工廠能夠為我們生產高品質的精油。哈利來自坎城，是紐約的香水大師，也是賈克的老朋友，更是業界的巨星。平靜又充滿好奇心，他對植物和庭園的興趣完全不亞於香水。他可以回想起劈開橡木時那陣多少帶點潮濕和發酵感的氣味，或是火和煙的氣息。他成功在位於紐澤西的自家庭院種出各種植物，從廣藿香到茉莉，還有各色柑橘。木質和樹木是我們的共同喜好，哈利對我非常友善。我們在島上已經過了三天，他任由自己的感受度在天然產物中遊走，好讓他想起岩蘭草的氣味。他邀我同享發現根部的喜悅。哈利比較岩蘭草與廣藿香，他形容這兩種香調原始單純，充滿人性，和火焰的氣息一樣特別。當然，兩者皆帶有木質調，不過卻大相逕庭，岩蘭草更溫熱，而且深廣許多。總而言之，他認為岩蘭草莊嚴地散發泥土氣息。哈利來這一趟，就是為了聞聞泥土中的根部，他因為狂喜而興奮不已。

他和我到田裡一起跟著「開挖」：三名農民以十字鎬在一整排綠色長梗的岩蘭草叢刨土，搖晃結成團的根和泥土，砍下根部，再以開山刀解開根部。兩個女人跟在男人後方，將砍下的部份種回土中，再度開始作物的生長週期，需要一年的時間才能產出富含精油的根部。岩蘭草田座落在陡峭坡地，烈日當空，工作艱苦，但是有幸仰賴這項作物生存的農夫，這份工作就是保命符。他們很清楚不必出走到太子港工作就是逃過一劫，因為首都的水深火熱沒有結束的一天。我記得皮耶在某次我們兩人一起接受訪問時，回答記者的話。關於海地的處境，他語帶諷刺地答道：「海地很悲慘，不過岩蘭草倒是好得很。精油可是養活了五萬個小農家庭呢。」

我們向收成工人借一把十字鎬，因為我們也想試試看。我刨了幾下，立刻明白必須避免無意義的動作。孩子們笑著觀察我們，陽光無比炙熱。哈利接手，開心得不得了。陪我到海地，對他而言就是圓夢：用雙手將岩蘭草根搓揉壓扁，剛出土就拿到鼻子前嗅聞，彷彿置身遠在紐澤西之外的新庭院。「這真的展現泥土的氣息。我從來沒有聞過這樣的岩蘭草……」哈利是香水界的高手，也是精油的行家，**Tom Ford**品牌大受歡迎的知名香水「灰色香根草」（**Grey Vetiver**）[1]正是出自他之手。

鄰近農田中，女人們正在進行刨土收成後的工作。她們徒手在泥土中找尋任何男人遺漏的根部，因為岩蘭草每公斤都價值連城。我們也加入她們行列。女人們坐在地上，翻攪泥土，甩動小團塊，裝滿袋子後再往前數公尺，重複一樣的動作。印度耕作者在小花茉莉田中以木犁耕作的畫面浮現在我的腦海。如果從未在雨中親手採摘玫瑰或挖刨岩蘭草，怎麼能夠理解這個行業，瞭解香水的來源？哈利繼續嗅聞，鼻子緊貼著岩蘭草根，瞇起淘氣的雙眼，滿臉散發幸福的光芒。我們滿身大汗地注視對方，此時此刻一切言語都是多餘的，而我們在灰白、芬芳的根土中翻找著的雙手，這段屬於我們的共同回憶，將會在心中長久珍藏。

我們田地上方的小路，幾群散步的女人撐著陽傘路過，她們身穿繽紛的洋裝，散發加

1 譯注：這款香水在臺灣以灰色香根草著稱，不過在芳療界，仍使用「岩蘭草」這個名字。

勒比女性自然的優美氣質。我們和皮耶出資的新學校孤獨地矗立在小路盡頭，可容納來自周邊三座村莊的數百名穿著制服、體面光彩的學童。引來水源也是長期抗戰。孩子們為校舍帶來活潑生氣，我們在巴黎為他們收購書籍，現在校內已經有一座小圖書館了。我的心情搖擺不定，一邊是實現某些事物的滿足，另一邊則是相較於校舍一隅因為政府失職造成的極度貧困而感到自己微不足道。這裡的處境殘酷地呼應著馬達加斯加的境況，同樣伴隨著窮苦生活，名列全球貧困國家。

皮耶的蒸餾廠在萊凱，是全國最重要的蒸餾廠，也是該城市的心肺。工廠裝設一個水龍頭，提供往來行人用水，配備所有員工所需的醫護資源，廠區內還有一間銀行分行。寬敞的建物中有數十座大型傳統蒸餾壺不斷運作著，周圍是堆積如山的岩蘭草根。

從來往不停的卡車卸貨後，草根就鋪在與足球場一樣大的廣場上曬乾，數十名工人用長柄叉堆起。他們叉起一大團草根，甩掉殘留的田中泥土。風形成氣流，在塵土中與陽光共舞。微風挾帶隱約的氣味，輕盈但溫暖，比蒸餾壺周圍的氣味溫和許多。工廠永不間斷的挑戰，就是為這些大槽填裝足夠原料，千絲萬縷的褐色草根生產充裕的精油，平衡二十四小時蒸餾所需的蒸汽成本。大槽首先要填滿曬乾的輕盈草根，接著必須將它們壓實，這份工作需要動員五個男人。裝滿十公尺高的蒸餾壺後，工人們爬到原料頂部將之往下壓，盡可能再多填裝一些。某日，我想和他們一起上去，於是我們彼此搭著肩膀，開始用力壓緊草根，發出一陣大笑。他們以克里奧語（créole）唱起歌搭配踏步，仍繼續笑著，這是他們最開心的時候。我珍惜地保存一張有點模糊的照片，就是當時的場面：蒸餾壺中愉快的工人們圍繞著一個白人男子，而這個白人情不自禁回憶起年輕時多次參與葡萄破皮的工序。

蒸餾壺底部又暗又窄，閃亮簇新和老舊的設備交錯安裝，又是一個光明與黑暗交織的通道。哈利盯著正在蒸餾中的設備底部，滿是精油的冷凝水流出。參觀工廠的每一個步驟，岩蘭草的氣味也隨之不同，哈利總是能找到精確又引發共鳴的字詞形容。香氣可以是溫熱、褐色、沙粉般的泥土、帶木質調、蜂蜜、綿長悠遠、攀升的……，帶有雪松的乾燥個性，但也有些許腐植質的柔軟……。調香師的詞彙豐富度與結合字詞的能力超乎常人，彷彿感官的深度，讓他們不得不在語言上也充滿創造力，以便分享和溝通。

最後，皮耶為我們打開一個房間，經過自然油水分離的精油在此匯集過濾；所有來自蒸餾壺的萃取物，最後都會通往這裡，是精油的至聖所。香氣飽滿濃烈的程度令我頭暈，哈利嗅聞皮耶遞給他的新鮮精油樣本，立刻著迷：「香氣實在太美了，簡直像直接從土裡挖出來！」對於這些強勁濃郁的精油，清新結合繁複，香氣表現極富深度，是最重要的概念，可以為產品增添些許靈魂。

在辦公室裡，皮耶為哈利拿出不同批次的精油，品質各異，是某次試驗蒸餾參數變化、草根年份，以及漂洗程度的成品。皮耶仔細觀察哈利是否表示讚賞，同時也提防不要透露過多製作過程的技法資訊。無論是岩蘭草還是其他方面，海地的皮耶就是喜歡保持神祕感。

這幾個小時中，我感覺哈利滿心只有草根的氣味、農民的身姿，以及他親眼看著從蒸餾廠流出的精油。這一切都與他正在進行的數十件實驗計畫產生共鳴。他帶了一把草根放入行李，然後保存在玻璃密封罐，從未離開他的辦公室一步。

哈利回到紐約，我則和皮耶多待了幾天。我觀察村莊和小城市的居民，人民本身的美，與圍繞他們生活的美麗事物，是引人入勝的混合體。服裝、市集、小商店、房屋，舉目皆是炫麗色彩。加勒比海天空下混雜著美麗與不幸，在這座島上，生活最深層的原動力究竟是什麼？海地總是難以捉摸。

這讓我回想起十年前在非洲的一件事，以及在遠方與皮耶的愉快相遇。距離大屠殺十年後，二〇〇四年我在盧安達經歷岩蘭草和廣藿香結合的絕妙情景。盧安達人對接壤國家蒲隆地（Burundi）的成功計畫的謠言深感好奇，因此也希望在國內發展精油。一位當地企業家從苗圃開始，種植幾片廣藿香田，其中一位客戶委託我評估這些作物的潛力。

某天，幾位農業部的參事建議我，去參加在鄉下新開墾的種植地舉辦的推廣課程。抵達的時候，我驚喜地發現海地的「岩蘭草之男」皮耶也在場。當時我尚未造訪海地，不過我們之前在他前往歐洲向調香師介紹他的精油時，我們就已經打過照面。他站在廣藿香田旁的箱子上，向五十名專注的農夫演講，話語激勵人心，描述這項作物對盧安達和非洲呈現的大好機會。在他的岩蘭草之地千里之外，皮耶扮演宏圖大志的代言人。他憑空出現，在我意外的眼前，搖身一變成為意志堅定的演說家，訊息的傳遞者。我聽著這位精油的唐吉訶德高談闊論，期盼看見盧安達農民在廣藿香種植之餘，結合海地的岩蘭草挖掘工的好運氣。他的意志如鋼鐵，深信非洲將會是下一個精油的應許之地，而他想要說服聽眾，夢想參與這趟大冒險。

偶爾，當我們倆談到海地時，他會提高嗓門強調觀點，我總會回想關於皮耶的印象，他在大湖地區（Grands Lacs）迷人風光的中心，站在箱子上，以宏亮的嗓門與十字軍般的語氣進行演說。也許出於刻意，也許不是，皮耶以他的方式，伴隨一部份巫毒教，讚頌岩蘭草根和廣藿香夢想的結合，既有遠見，也是促成世界上各種香氣結合的偉大動員者。

火把與美洲山脈——
薩爾瓦多的秘魯香脂

「我幾乎是無意識地受到樹木吸引，因為太難以抗拒，於是踏進森林。一草一木散發強大的能量，我感覺既微小又幸福，能夠感受到它們的寬厚。輕撫灰色樹皮的愉悅立即湧上心頭，我靠近一道灰色痕跡，樹脂的氣味令我停下腳步。我在樹旁待了將近一個小時，獨自一人，完全喪失時間感。我認識的香料中，像秘魯樹脂如此令人痴迷的並不多。我喜歡樹脂的各個面貌，既甜美又帶木質調。有香草和『香脂』（baumé）氣息，香調是金黃色的，沒有一絲陰鬱，反而典雅溫柔。」

瑪麗（Marie）是出色的調香師，有時也是我的旅伴，她剛陪同一位重要客戶從薩爾瓦多（Salvador）回來，在當地山區發現了隱身其中的秘魯香脂（la baume Pérou）。瑪麗為嬌蘭、Armani與Nina Ricci打造多款美妙的香水。她是聖羅蘭的「黑鴉片」（Black Opium）創作者之一，獨鍾廣藿香、木質調和香脂調（balsamique）。我很喜愛她對香料獨特的敏感度，專注溫柔的眼神，以及語出驚人的評論。我在巴黎，坐在她面前，聽她一字一句敘述與香脂的相遇。分享內心情感的同時，她引領我和她一起深入南美山區的小路，令我記憶中強烈的畫面再度浮現。她以金色木質具體形容，很吸引我：「對我而言，秘魯香脂如甜點般美味誘人，親密又溫熱。不過，它在香水成分中的使用極受限制，若要還它公道，必須大量使用才行！」致敏成分的法規，導致香水界嚴格限制秘魯香脂的劑量，瑪麗為此感到惋惜：「這點令我下定決心展開新計畫，以其他天然香料重現秘魯香脂的氣味，並強調其所有個性和特色，好比我在一幅素描中，以鉛筆線條強調其中某些圖案。」她會使用哪些原料呢？肉桂、檀香、雪松、可可、安息香，她帶著微笑如此回答我：「要是沒踏入森林，我絕對不會想到這些。」

秘魯香脂的生產者蹤跡難尋。他們住在薩爾瓦多的偏遠山區，神出鬼沒，在此落腳的歷史可能比周遭巨木群更古老。十年前首度造訪時，我認識了榨脂機（presse à baume），這是生產單位的核心設備。在簡陋的棚架下，可以看見一座以繩索和木塊組成的機器裝置，螺絲、木造結構和滑車，立刻讓我想到西班牙征服者的古老年代，彷彿克里斯多福．哥倫布（Christophe Colombo）或科爾特斯的人馬途經此地時安裝了這些設備，五百年來從未改變。這點令秘魯香脂充滿神祕感且耐人尋味。

一如香草，秘魯香脂的現代史也是始於歐洲人與征服美洲。歐洲人發現，中美洲的人民會讓樹木產生滲出物，作為修護膏藥方。這種物質不但有效，而且氣味極好，因此受歐洲人採用，列在十六世紀起歐洲發現的美洲產物的一長串清單上。秘魯香脂向來是當地天然藥材的一部份，人們從秘魯香樹（*Myroxylon pereirae*）的樹上採集樹脂，現在範圍僅限薩爾瓦多和尼加拉瓜（Nicaragua）的山區。這種樹從未生長在秘魯，但因從秘魯總督轄區的首都利馬港出口，因此西班牙人將之命名為秘魯香樹。就和暹羅的安息香一樣，這些來自神祕遠方的香料，來到歐洲人的裝運港後，才開始存在於他們的眼中。奇怪的是，香水界的人長久以來也習慣了這個怪異或不精確的名字，這些名稱遠超過保護香料的機密來源，長期的積非成是更表現出人們欠缺明顯的好奇心。十八世紀起，過分講究與具創造性的香水世界，似乎有意漸漸疏遠那些來自偏遠地帶的原料，因為太過土氣。他們的疏遠反而為商人和大型香水公司創造大好機會，特別是格拉斯的公司，因為當初他們選擇在原料產地建立分行。

二〇一六年，我再次來到薩爾瓦多與艾莉莎（Elisa）見面，這位年輕的瓜地馬拉女子在自己國家成立香精公司。她意志堅強又有才幹，在法國唸化學和調香，與一名法國男子結婚，並且排除萬難，在處境不易的國家成立新事業。在毫無經驗的情況下，她開始栽種廣藿香，裝置蒸餾設備。我曾參與計畫的草創時期，從計畫實施以來就跟著她一路走到現在。現在她成功生產小荳蔻和廣藿香精油，近年來熱衷於提升該地區樹脂的價值，像是宏都拉斯的蘇合香，以及薩爾瓦多的秘魯香脂。

艾莉莎希望將自己的成功世界與農民和社區結合，以對抗中美洲各國刻意對他們的貧困、文盲與孤立狀態視而不見。她開出足以讓生產者生活的價格，直接向他們購買原料。艾莉莎是醫師之女，她為香水工人購買醫療保險，並向他們保證一定會買下所有他們的產品。雖然這項行動立意良善，不過卻是革新的概念，還有許多困難要克服。艾莉莎堅忍不拔地繼續前進，對任何行為的倫理毫不讓步。

我再次來到薩爾瓦多人稱的「樹脂山脈」（cordillère du baume），參與法國電視台的紀錄片拍攝。內容是關於在偏遠地區跟隨一名香精找尋者的路線，目睹「發現」新原料。起初我有點遲疑，擔心電視台在不為了增加吸睛度而不擇手段地斷章取義或歪曲事實的前提下，是否有足夠能力重現這些故事。最後我決定相信，讓採脂工人和他們了不起的職業曝光將會是一樁美事，於是我答應了。

從艾莉莎位於安地瓜（Antigua）的公司總部出發，需要六個小時車程，安地瓜是瓜地馬拉的舊首府，是殖民時代的珍寶。為了抵達遠在聖胡利安（San Julián）更深處山區的合作社，我們爬上一條隱沒在熱帶植物中的小徑，一路通往生產者的簡陋建物。合作社社長在一群採脂工陪同下等著我們，他們全都恭敬地站成一列，帽子拿在手上。穿過濃密的竹林，就能看見長滿森林的山稜：我們正位於樹脂山脈的最深處。生產作坊位在草木茂密的叢林小河谷上方，每隔約二十公尺，就會冒出一兩棵秘魯香樹。這些香脂樹高達二十至三十公尺，至少有八十歲。光陰流逝，樹木長成雄偉的模樣，灰色樹幹皺起，佈滿數十載來生產樹脂而形成的溝紋。

採脂工是獨立工人，為樹木的主人工作，也可分到一些收穫。五十多歲的法蘭克林（Franklin）是老練的採收工，我從第一次造訪此地就認識了他。削瘦面孔上有一雙深色眼珠，無論他做什麼，頭上那頂白帽子從不離身，身形細瘦的他從十五歲就開始爬樹取脂，延續父親教給他的本領。他用一口充滿抑揚頓挫的西班牙語，描述著這份職業的風險和長工時，而秘魯香脂採脂，或許也是我周遊各國所認識的工作中最驚險的活動。法蘭克林在地面準備器具：繩索、一個鞦韆座、一把紙扇、刀子、一包碎布，還有要權充火把的木柴束。木柴束以秘魯香樹的樹枝組成，因為這種木頭的燃燒速度緩慢，還會形成用途絕佳的炭。他點燃火把，待火焰穩定燃燒後，將火把塞入背在肩上的其餘裝備中，走向樹底，頸後留下一道煙跡。他先將繩索拋到高處的椏杈，開始赤腳攀爬。到了十五公尺高，他坐在鞦韆座上，高掛空中。

他肩膀後方的火把持續冒著煙，現在他可以開始工作了。要取得樹脂，必須刺激樹木，法蘭克林劃開樹幹，並剝下一塊樹皮，拿起火把，用扇子搧風讓火燒得更旺。他維持坐姿，雙腳抵住樹幹，開始在裸露的樹木和一旁的樹皮上來回移動火把，以灼燒引起樹脂湧出。必須親身參與過程，才能瞭解香料「採集者」的職業，還有他們在森林中的生活。現在法蘭克林將碎布鋪在經過灼燒的區域，剝下的樹皮邊緣正好可以掛住布塊。兩三週後，待布塊吸飽樹脂，他會再爬上樹採收，一部份樹脂在布上，另一部份則在樹皮上。他在同一棵樹上，巧妙分配切口，重複相同的手續。一如在寮國，薩爾瓦多的採脂工人很清楚如何向樹木索求，同時又不危及樹木。今年採過樹脂的樹木，隔年就不會採脂，這是得以持續開採百年老樹的智慧。採集者深知如何管理資源，他們就仰賴這些樹木維生。

接著，採脂收成被帶往水泥牆和鐵皮屋頂的作坊。工人將碎布和樹皮煮沸，然後壓榨濃縮，以萃出珍貴的香氣樹液，如此一來，法蘭克林就能從這些收成中得到可販售形式的樹脂。榨脂工在放入碎布和樹皮後，以手工進行這道工序：一個男人推動一根粗大的柱狀物，那是槓桿力臂，可擠壓一整籃繩線和繩索，樹枝和水的混合液會漸漸流入大盆。之後，他加熱混合的汁液，直到水分全部蒸發，變成純淨的糖漿狀，工人會取少許滴汁液滴在玻璃板上以評估黏度。純樹脂帶有美妙的香草香氣，溫暖中帶有焦糖調。無論製成精油或香料浸膏，氣味的持久度可作為香水成分中的優秀定香劑，能輕易與花香調結合，與檀香的組合更是出色。

榨汁儀式與在樹林中工作同樣令人嘆為觀止，是超越時空的景象。彷彿自古以來便已在生產模式和收入之間找到平衡，從自然資源取得最大利益，其餘一切都不可介入干擾。哪裡還有願意在這種條件中工作的人呢？

從樹上下來後，法蘭克林在樹蔭處抽一根菸，一邊和我聊聊這一行。首先是危險，雖然墜落是少有的事，不過還是有可能發生，主要原因是，連接採脂工坐著的木板的鉤子斷裂。近十年來，艾莉莎以鋼鉤取代傳統鐵塊混凝土，她的公司也為所有合作社工作人員購買醫療保單。在這裡，對年輕男孩而言，爬樹取脂幾乎是唯一尚可接受的未來。「如果想要有飯吃，就要採樹脂。」法蘭克林說：「所以我們會教年輕人採脂，不過必須確保價格和販售，這樣他們才會真的信服。過去許多年間，價格一度太低微了……」隨著時間過去，提供給市場的品質逐漸降低，價格更不斷下跌；業界壓榨採脂工人，就像採脂工人壓榨布塊取得樹脂。歐美買家的無謂和疏忽，使得採脂業落入當地掮客或中間人手中，毫不在乎山區工人的命運。歷史原本應該在這裡畫下句點。然而，生產驟降反而造成秘魯香脂嚴重短缺，導致近十年來輪到香脂價格暴漲，嚇壞買家。艾莉莎早就準備好應對之道，她與合作社對客戶強調購買承諾和清楚的訊息：想要來源可靠的純香脂？沒問題，條件是付出相對的價格。對她而言，原料品質和採脂工人的高超技藝是一體的，不給工人應得的尊重，就不可能保證香脂品質。

電視節目採訪長達三天。團隊堅持主題的核心：供應商前往尋找全新原料，但是觀眾不知道他是否會成功……。我覺得自己好像被迫成為《丁丁在薩爾瓦多》（*Tintin au Salvador*）的角色，這正是我起初的顧慮，直到艾莉莎和我冒出一個想法：樹皮的樹脂。

採集來的樹皮經過榨取後仍散發香氣，是令人驚喜的殘餘氣味，在經典樹脂的特性之外還多了花香調。利用酒精嘗試從這些「榨乾」的樹皮中萃取香氣，或許是可行之道，因為艾莉莎剛在工廠新增了設備，我們將是最先使用的人。這個手法很有意義，而且我很喜歡為瑪麗帶回新樣本的點子，就像是她興高采烈談論的這片熱帶森林的一小部份。法蘭克林和年輕採脂學徒在影片中的發言相當感人，而導演深受樹木與壓榨機周圍的美麗景致吸引，在瓜地馬拉的工廠拍攝幾個段落。追蹤萃取實驗後，團隊終於能拍下供應者丁丁帶著樣本離開的身影。

最後幾個拍攝鏡頭在我們位於巴黎的分部進行，我把「樹皮香脂」（baume d'écorce）獻給瑪麗，她覺得氣味絕佳，不同於傳統香脂，而是在溫熱木質調中增添些許花香氣息，展現全新面貌。我觀察她嗅聞，她的眼神透露出她重回那座森林的感受。從已知原料創造出的全新衍生物，這常常令調香師更加喜愛，在熟悉的結構中引入新的香調。我們提到她的工作時，瑪麗不斷強調嗅聞小瓶子，和在原產地嗅聞她親手碰觸、採摘、摳刮的原料，是截然不同的事，這與法布里斯、賈克和哈利等調香師在田野中說過的話不謀而合。他們都羨慕我在工作中的角色，當他們能短暫成為供應者的時候，就是最欣喜的時刻。

幾個月後我返回中美洲。艾莉莎和她的丈夫尚—馬利（Jean-Marie）的公司要擴大發展。尚—馬利四處奔走，到宏都拉斯找蘇合香，到秘魯找粉紅胡椒。他們在瓜地馬拉叢林中發現一塊依蘭種植地，他們鍾情於馬雅香草，夢想在哥倫比亞荒郊野外的吐魯（Tolú）找到真正的吐魯香脂。

他們的熱情深具感染力，他們的智慧、能量和抱負，勾勒出未來的天然生產者的樣貌。他們深信善待當地人並給予良好收購價格，就是他們成功的首要條件，傾聽他們的同時，我自然想起永珍的法蘭西斯。他們位於地球的另一端，卻走上和他相同的道路。

艾莉莎告訴我，薩爾瓦多的情況正在轉變中。令人聞風喪膽的薩爾瓦多幫派「maras」原本只在市區販毒和犯罪，現在似乎對秘魯香脂的買賣產生興趣。他們來到聖胡利安恐嚇勒索批發商，直到局面無法挽回；在我抵達前一個月，首次有人中槍身亡。她以令人佩服的冷靜態度，描述黑幫事件的口氣有如這僅是一時的熱潮，來得快去得也快。薩爾瓦多是充斥暴力的貧困國家，是全球最強力反對人工流產的國家……，本地女人的命運尤其淒涼。

我們再度踏上長達數小時的路程直到山區，登上生產站，法蘭克林當然已經在那兒等著我們，他的兒子們站在一旁。我們聚集到榨汁機周圍喝飲料閒聊，大盆正冒著煙，樹脂正在加熱。我想到瑪麗的敘述，隔天我也想在肩頭上背著充當火把的柴束，去看看樹木。法蘭克林跟在我身後，看我背著沒點燃的火把，讓他覺得很好笑。我們停在一棵雄偉樹木下。我跟他說，多麼希望自己也能在肩膀上插著點燃的火把。「聽好了，在山區，火把就是我們的命脈。點燃火把就表示要帶回樹脂，是為了賺一口飯吃。熄滅的火把沒有任何用途。點燃的火把是讓我們討生活的，別燒到自己就好。」

被犧牲的森林——

圭亞那的花梨木

我們估計，歐洲人來到非洲之前，約有兩千萬頭大象生活在這片土地上。二〇一四年，數量清查的結論是：這種屬於厚皮目的動物，僅剩下百分之二。以目前每年屠殺兩萬頭大象的速度來看，到了二〇二二年，在非洲存活下來的大象，只會剩下自歐洲人到來後的百分之一。僅僅兩個世紀內，人類就成功消滅百分之九十九世人公認地球上最美麗的大型物種之一。

至於植物王國，美國人只消一個世紀就足以讓美國西北沿岸的參天巨木——紅杉（*Sequoia sempervirens*）——面臨同樣的後果。這些宏偉的樹木是世界上最大的生物，壽命可超過兩千年，無疑構成了地球上最壯麗的原始森林。一八四九年，加州興起的淘金潮造成建築用木料的需求，展開伐木行動，砍倒一整片和科西嘉島一樣大的森林，持續到五〇年代，只留下百分之一的原生樹木。

大象和紅杉是地球之美的象徵，卻以可怕的方式，說明了十九世紀時探險家和殖民者與自然的關係。人類才剛開始探索世界，大自然雖然顯得凶險且與人類對立，卻也被視為用之不竭的資源，成為大規模的征服對象，以及遭到人類貪得無厭的欲望所包圍。非洲或美國獵人面對所有數量龐大的獸群，這種心態的見證不勝枚舉。他們之中沒有任何人，即使是最不心懷惡意者，無論是對大象還是美洲野牛，都沒有絲毫可能「有限」的概念。直到一百年後，多幅狩獵相片揭露的大屠殺才開始引發震驚。美國伐木工也一樣，由於我父親曾短暫作為他們的一份子，這段歷史讓我特別有感觸。一九五〇年，他在加州的克拉瑪斯福爾斯（Klamath Falls）砍樹。其中有些被砍伐的樹木仍是原始紅杉。熱愛樹木的父親告訴我，他如何在嚴苛環境下，將精力專注在砍伐和集材這些高聳入雲的原木，他或他的同行，從未閃過一絲森林可能枯竭的念頭。象徵性的那百分之一，對我而言是危機邊緣，敲響最後的警鐘。如今的倖存「紅杉」（redwood）在山明水秀的公園中受到庇護。令人心痛的百分之一，能夠拯救象群嗎？是否有一道界限，如果人類越界，無論自願與否，會放下貪婪、走私、造成不幸與缺乏判斷力的獵槍嗎？

同樣的，香水界也有如大象和紅木般的存在，那些受創與枯竭的資源買賣。二〇〇二年，我跟隨其中一件或許最廣為人知的棘手事件來到開雲（Cayenne）。二十世紀上半葉在圭亞那濫砍花梨木幾乎被遺忘，直到一九九七年，在媒體大肆報導下，這種樹木才重新受到世人注目。非政府組織「羅賓漢」（Robin des Bois）推動媒體宣傳，控訴某頂尖奢侈品牌，為了旗下全球知名的N°5香水中所含的花梨木精油，不惜砍伐亞馬遜森林。該品牌被指出使用瀕臨絕種的樹木精油。一篇文章成為《解放報》（*Libération*）的當天頭條，內容是奢侈品產業摧毀大自然，固然是為了報紙銷售量，然而這也反映了大眾對環保議題敏感度的增加；其中，亞馬遜森林和濫砍森林總是最容易引起注意。事實上，這所牽涉到的精油和樹木數量非常有限，大約一年四、五棵樹，不過媒體吸引大量注意力，對品牌形象頗具破壞力。香水品牌對這件事嚴肅以待，雙方相談，最後達成共識，其中使用精油的公司承諾會在亞馬遜種樹，種植數目遠大於消耗量。我的公司當時負責執行這項承諾，我們委託圭亞那的法國國家森林管理局（l'Office national des forêts）分部實行任務，種下四公頃花梨木。

種植四年後，我前往開雲評估計畫進度。為香料用樹木重新造林仍是很新的概念，不過我料想以人工種植的樹木取代待採野生資源，將成為不得不面對的重要議題。意識到熱帶森林的脆弱性，由於香水的需求規模升等，使其成為理想的實驗領域。因此，開雲微不足道的計畫僅是翻轉歷史的開端，因為香水界的重要角色，象徵性地重新種下該產業六十年前趕盡殺絕的樹木。

「花梨木」（bois de rose）的命名，指稱數種熱帶樹木的精油，與木材的顏色或氣味有關。馬達加斯加花梨木沒有任何氣味，卻因為具有中國人酷愛的傢俱木工（ébénisterie）價值，逃不掉遭受過度開發的命運。南美洲另一種花梨木 *Aniba rosaeodora*，由於木質美麗，從十七世紀起就備受歐洲人喜愛，用於製作鑲花工藝（marqueterie）。這個物種的雌株具有獨特性質，其木質富含精油，以超過百分之九十的芳樟醇組成，這是天然香料中很普遍的香氣成分，尤其是薰衣草和佛手柑。這種木材的精油香氣絕美超凡，自然散發特有的清香，纖細高雅且圓潤，遠勝於合成芳樟醇。之後，花梨木從傢俱木工手中，來到調香師的鼻子前，一八七五年首度在格拉斯蒸餾成精油，躋身香水前調的清新調選擇之一。精油廣受歡迎，引起在殖民地搜尋花梨木的蹤跡。第一批花梨木樹幹從圭亞那運來：圭亞那位在亞馬遜北部，最適合花梨木生長，而且藏有優質精油含量最高的樹種。不消多久，兩間法國公司進駐圭亞那，以便規劃開採木材，以雙桅帆船裝載，首批數百公噸剝去樹皮的原木，就在坎城海岸卸貨。

這種源源不絕的精油的出現，對突飛猛進的歐洲香水界而言，簡直是天上掉下來的禮物，成為眾多產品的成分。由於太受歡迎，人們很快便力求讓花梨木精油的貿易合理化。

一八九〇年開始在開雲蒸餾木材，使用原本專門生產當地以甘蔗製造的「塔菲亞酒」（tafia）的蒸餾壺。直到一九〇〇年，產量平平，每年生產一至兩公噸精油，但是接著產量便迅速攀升。一九一二年，七座蒸餾廠可消化五千公噸花梨木，產出五十公噸精油。於是逐漸規劃實行前往森林搜刮數不清的花梨木，這番壯舉後來卻造成致命的結局。

十九世紀中葉，一群淘金者和伐木工開始進入圭亞那的森林。深入林地的唯一道路，就是沿著河流而上，尤其是阿普魯瓦格河（l'Approuague）和奧亞波克河（l'Oyapock）。人們主要是尋找黃金，然而因為風險太高，森林探險者轉而尋找「巴拉塔樹膠」（gomme balata），是某種彈性較巴西橡膠樹（hévéa）弱的橡膠，不過它的絕緣特性，對正在迅速發展的電氣領域非常有利。二十世紀初的記敘，清楚表現出這種開採行為和充滿崇敬之心的「採脂」（gemmage）天差地遠，一次就榨乾樹木，任其死亡；森林被視為礦場，普遍心態也就是如此對待森林。花梨木的需求使系統性的茂林開採倍增，這些林地都是靠近河流、最容易進入的林分。人們必須砍倒這些巨木，鋸成十五公斤的木柴，工作量極大。河岸邊堆積的儲備木材足夠時，伐木工就會在河流上圍起水堤，丟入收成的木材，然後打開儲水池，藉由水流的力量將木材盡可能沖到下游。這是稱為「木排水運法」（flottage）的傳統林業技術，但是在圭亞那森林中的工作條件十分艱苦。熱病、蛇、粗簡的食物，無論是形容還是字面上的意義，花梨木林業工作者都是苦役犯。不論是開雲逃脫的苦役犯在森林中尋求庇護，抑或自願工作的苦役犯，這些囚犯都是這段歷史的一部份。那幾年間，最靠近海岸和河流邊且最容易到達的樹木被開採，生產力高，價格也實惠。不過開採速度之快，伐木工必須不斷深入森林。人們開始砍伐距離河流三或四公里處的樹木。除了最初的工作，現在還加上吃力的人工背運，每批貨為四、五塊木柴，每隔三十公尺就必須稍事喘息。

第一次世界大戰後，花梨木精油的需求成長邁入全新階段，必須妥善規劃供應方式：有人發明了「水力漂浮蒸餾廠」（distillerie hydraulique flottante）。這項發明獲得專利，是一艘駁船，可以在河流上研磨木柴並蒸餾，全都在森林中進行，僅需運輸精油而非木材，是由一到一百比例分配下的規模經濟。這些機器來自法國本土，一九二六年時共有十座漂浮蒸餾廠，這一年的產量超過一百公噸精油，是史上最高紀錄。我試圖想像在圭亞那森林中伐木、研磨與蒸餾一萬公噸木材。艱辛的勞動與生活條件如今幾乎被遺忘。巴西橡膠採脂工或花梨木伐木工的世界令人難以想像，這些工人甘願付出沉痛代價，有時這些代價甚至超過亞馬遜森林的負荷。森林「礦工」是首當其衝的受害者，他們是單純的執行者，背後策劃一切行動的業界選擇漠視善加管理天然資源。

二〇年代，雖然圭亞那還不知情，不過花梨木精油的資源開始枯竭了。二〇年代末起，產量大幅下滑，木材已經變得太遠、太稀有，也太昂貴。花梨木苟延殘喘至第二次世界大戰，然後生產只剩下象徵意義，一九七〇年開雲關閉最後一間蒸餾廠，二〇〇一年正式禁止蒸餾。五十年間，原本容易取得的天然資源就這樣消耗殆盡。在花梨木精油絕跡後，合成芳樟醇便普及化取而代之，說明了七〇年代香水界的動盪，大量以合成分子取代天然精油。戰後，巴西力圖採用圭亞那品種花梨木的近親樹種生產精油，然而品質卻差多了，而且該國也面臨濫墾森林等問題。當局的意識逐漸抬頭，嘗試過往未受重視的林地再造，然後嚴格限制花梨木的砍伐，名列華盛頓公約[1]，這是為瀕危動物或植物制定的貿易規章。如今，花梨木在巴西的生產受到嚴密管控，產量降低至微乎其微，精油也離開調香師的調香盤，令他們深感遺憾。

1 全名為「瀕臨絕種野生動植物國際貿易公約」（Convention on International Trade in Endangered Species of Wild Fauna and Flora, CITES）。

我抵達的開雲，完全感受不到絲毫有關這場歷史的高潮迭起。離開市區時，我浮現身處亞馬遜森林郊區的感覺，原生森林的痕跡早已離開這片景色，冒出幾片還算茁壯茂密的次生林。一名林業技師作我的嚮導，帶我到距離開雲一小時車程處檢視造林，我們抵達示範地時正下著傾盆大雨，技師用開山刀在雨季的一片草木汪洋中劈出一條路。年輕樹木排列整齊，樹頂穿透樹叢與藤蔓，應該有四公尺高，樹幹只比十字鎬的握柄粗一些。熱帶的樹木生長速度都不快。

花梨木的質地緊密、紋理細緻且生長緩慢，在它們三十歲以前，絕對不可砍伐。我撥開雜草和藤蔓一邊前進，全身濕透，而在我腳下的是剛栽種的樹苗，我想到才不過一個多世紀以前殘忍地砍伐，數以萬計公噸的數目，就這樣不可挽回地消失。

亞馬遜森林的生物多樣性之豐富，餵養各式需要大量植物的產業的幻想，從食品業、美妝業，到製藥業皆然，香水界也不落人後。調香師總是定期詢問我，是否能提供從森林中取得來自樹木、花草、漿果或水果的新原料，加入他們的調香盤。儘管有許多研究和論文佐證，出人意料地，來自亞馬遜森林、用於香水的原料主要僅限於三種木質精油：零陵香樹（arbe aux fèves tonka）保存下來，因為其果實具有價值；有「古巴香脂」（baume de Copahu）之稱的苦配巴（copaiba），無須砍樹就能採收，做法是在樹幹上定期鑽孔，使具有香氣的樹汁流出，讓樹木倖免於難。花梨木就沒這麼走運，香氣保存在樹木纖維中，必須砍樹才能取得，因而被判處死刑。

經過數十年的時間，人們的做法才從「森林開採」（forêt-mine）轉為「森林園藝」（forêt-jardin）。我們要怎麼對待這些種植的樹木？種樹只是為了阻斷媒體攻擊的擋火牆，還是承諾兌現的開端？或許圭亞那的蒸餾業能有東山再起的一日。品牌做好事的意圖沒有受到質疑，這些年來，該品牌投入花梨木栽種，並且在格拉斯種植茉莉，是復興香水歷史傳承的先驅。對情況危急的花梨木而言，種植超過取用數量的樹木並確保它們的生長，就是最好的回應。然而該品牌對精油的需求極為有限，透過向巴西購買以應付需要，圭亞那沒有任何蒸餾廠回歸。我造訪圭亞那十年後，巴西出現其他花梨木種植。許多行動力求推廣蒸餾樹枝，以避免砍樹，選擇剪枝（élagage）而非伐木。然而對樹枝中的芳樟醇品質與含量難以預料，大多數調香師轉向其他品質略遜色的天然來源芳樟醇，或是退而求其次使用香氣平庸單調的合成芳樟醇。許多人為圭亞那花梨木精油帶玫瑰氣息、無與倫比的靈動香氣絕跡感到惋惜，不過巴西重新出現永續的開採模式，不失為好消息。

現在，香水產業展現決心，全心投入天然資源的栽種或保存，但是只要和森林有關，這項運動就顯得畏首畏尾。種植芳香樹木（arbre à parfum）的願望很快就面臨時間漫長、可開採樹齡等難題，當然也與收益有關。原始的花梨木是否能排除萬難重生？今日有誰願意豪賭一把，大規模種植至少二、三十年後才能採收的芳樟醇？

二十五年前，我的父親在朗德著手創造一座植物園，佔地數公頃，有各式各樣的樹種。他最初想在這片土地上種植的樹之一就是紅杉。遠離原鄉的紅杉同意在這裡生長，現在應該有二十公尺高了。我的父親看著它茁壯，腦海中浮現在加州伐木的記憶，給這棵樹額外的關注，並象徵性地種回一度被他砍倒的樹木。他常常問我關於新書計畫的消息，於是我告訴他，我想要寫下這些芳香樹木的故事。「別忘了說，所有的森林都會重生，無論是單打獨鬥或是在外力幫助下，樹木不會記仇，它們只是比我們擁有更多時間。」即使過程艱辛漫長，我想要相信香水曇花一現的短暫時間與巨木的漫漫歲月，兩者還是有可能和解。同時我也希望象群能夠活下去。

平靜的河流——

委內瑞拉的零陵香豆

我們的獨木舟逆著卡烏拉河（le Caura）而上，這是委內瑞拉奧利諾科河（l'Orénoque）的支流。在飽含水氣的濕熱天氣中，灰色的天空和河水在眩目的光線中合而為一。白鷺鷥一邊尖銳鳴叫，在我們眼前振翅起飛。我盯著兩旁不斷退後的河岸，長滿形形色色的樹木，龐大的樹根深入河流，各種新奇的大自然事物更加深我進入亞馬遜森林中心的感受。有時是河岸附近突然現身的參天巨木，樹幹高達三十公尺，遮天蔽日的樹冠在天空中浮現清晰輪廓。沿途近看高聳茂密的樹葉，突顯出長滿橘色或黃色花朵的枝條。我努力回想所有曾經讀過或聽說過、關於地球上這片遼闊蒼鬱的自然保留區的事。這就是人類對於自然天堂的共同想像，一望無垠的起伏森林，是眾多有待發掘的生物多樣性的保護區。然而這裡也有無限制濫墾的粗暴事實，導致原住民族群消失；一直以來，他們在此的生活，都受到不平等的對待。芳香樹木的命運分為遭受砍伐和被保存，從我入行以來，這個問題在腦海中揮之不去。在亞馬遜森林的河流上，一切突然有了意義。

在自然界香氛原料的廣博名冊中，零陵香豆（fève tonka）是奇特的例子。零陵香豆是一種四散生長於森林中的樹木果實，既有不利條件也具危險性，一度被禁止出現在調香師的調香盤裡。受產地的天候況狀與風險影響，樹木可能會出乎意料地決定不開花，偶爾甚至會接連好幾年；即便開花了，能不能結成果實都還未成定數。如果樹木開花，採收香豆與否取決於聚落，因為對這些聚落而言，香豆只不過是次要收入，市場價格還得碰運氣。對零陵香豆採收者而言，這項季節性工作依舊屬於野生採集，收成量不固定，價格也不明朗。除此之外，零陵香樹（*Dipterix punctata*）的木材優質，使其暴露在被砍伐的風險當中。然而，調香師非常重視零陵香豆，因此近兩個世紀以來，持續有人撿拾、風乾，並出口到歐洲與美國。

吉爾貝（Gilbert）是我的零陵香豆供應者，他邀請我進入森林，一窺維持這項工作的困難度，對於與世隔絕的這群人而言也是重要的生存對策。吉爾貝是日內瓦人，他與委內瑞拉妻子貝雅特絲（Beatriz）在進入二十一世紀時開始收購零陵香豆，幫助住在奧利諾科河南邊偏遠地區的帕納雷（Panare）和皮亞洛瓦（Piaroa）印地安人。幾年前我開始向吉爾貝購買零陵香豆，他也會整理關於這份工作和在此地所見所聞的主要問題，並將筆記寄給我。他要找出辦法，限制這個地區的非法森林砍伐。據他所說，在這裡唯一有效的補救之道，就是為森林物產維持提供穩定收入。如果砍樹，那也是萬不得已，因為沒有足夠酬勞。他希望我們的產業能夠明白向他購買零陵香豆根本的社會重要性，意義遠超過保存這項古老的香水原料。香水公司的購買能力，以及它們使用這份力量達成的事，像是數量、價格、遵守承諾，都會直接影響無數家庭的命運，這些公司不能不顧自身角色與責任。千禧年初期，這份訊息僅獲得少許關注，直到十年後，經過這片土地上人們的毅力，以及消費者敏感度提升，才終於認真促成心態轉變。

零陵香樹在亞馬遜森林北部、圭亞那、巴西，以及委內瑞拉的奧利諾科盆地都能見到。雖然木質緊實紋理細緻，不過因為零陵香豆擁有銷售市場和價值，長久以來樹木倖免於砍伐。零陵香樹散見於森林中，偶爾會集中生長在林中小空地，是零陵香豆撿拾者熟悉的地點。在美麗的紫色花季後，零陵香樹可以結果整整一年，產出高達七千個外表近似奇異果的果實，連接細長的蒂垂掛在枝頭。迫不及待的鸚鵡弄斷果蒂，食用剛成熟的果實。果實中央有一顆堅硬的核，裡面藏著核仁，那就是零陵香豆。零陵香豆呈明亮褐色，外表光滑，數公分長，敲開時散發帕林內般的香甜氣味。乾燥時會逐漸形成香氣，混合焦糖堅果醬、焦糖和割下的牧草，氣味來自驚人的分子：香豆素。自從零陵香豆磨成粉末，成為眾多甜點的食材之一，名字也為人熟知。由於香氣比帕林內更優雅濃郁，備受甜點師喜愛，名字還能為菜單增添些許魅惑的異國情調。在香水界，零陵香豆則是不可或缺的原料，經常出現在東方調成分中，能為廣藿香、岩蘭草或沒藥的氣味錦上添花。零陵香豆的氣味就像菸草、蜂蜜、香草和安息香彼此交織，而且個性鮮明，足以成為香水的名字，Réminiscence品牌的「Tonka」就是一例。從餐廳菜單到現代高級香水，在美味的辛香料中舉足輕重。

這三天我們前去與卡烏拉河畔的果仁撿拾者面會，烏拉河和庫奇韋羅河（Cuchivero）形成委內瑞拉的零陵香豆歷史中心。吉爾貝的公司位在靠近海岸的瓦倫西亞（Valencia），是該國第二大城，我們從那裡搭乘他的小飛機，往南飛行兩小時抵達馬尼亞普雷（Maniapure），就是他們家在森林中的基地。吉爾貝和貝雅特絲在如夢似幻的地點建造一棟簡樸的房屋，就坐落在溪流形成的小水池和瀑布旁。馬尼亞普雷是他們收購地帶的中心，是邊長五十公里的四邊形森林，貝雅特絲在這兒建立一所鄉下醫院，以堅強意志和絕不妥協的奉獻精神照料。這些年來，他們的兒子璜．約格（Juan Jorge）成為零陵香豆的採收大師，接棒經營家族事業。他的大部份童年時光與周遭村莊的印地安人度過，他的父親給我看他年幼時的照片——光著身子，臉上畫有紅色圖案，正在和部落的孩子們共享木薯和烤松鼠大餐。他會說部落的語言，他們也視他為自己人。

兩名收購者和我們搭同一艘獨木舟，由璜．約格自信地領航，每人負責一片撿拾地區與數十名「Sarrapieros」，即零陵香豆採收者。撿拾者可能是印地安人，也可能是在森林中建立村莊的西班牙裔拉丁美洲混血兒「Criollos」。「Criollos」往往是知名「Seringueros」的後代，即一八七〇到一九二〇年間遭到無情剝削的貧苦橡膠採脂工，他們是巴西橡膠輝煌時期的犧牲者，成就了短暫傳奇的橡膠首府瑪瑙斯（Manaus）的暴富。二十世紀初，瑪瑙斯的財富戛然而止，因為英國人將巴西橡膠樹幼苗帶到馬來西亞，使其在當地落地生根並廣為種植，留下飽受摧殘的亞馬遜森林和不計其數的失業採脂工人。璜．約格雇用五十名收購者，讓三千名採集者有工作。多年來，他與父親耐心建立起網絡，這名森林之子更讓父親深感驕傲。瑞士人的兒子幾乎變成帕納雷印地安人，這可不是尋常事。

「我就這樣順流而下，無比平靜……」，我想起韓波（Rimbaud）的〈醉舟〉（Bateau ivre），詩句開頭寫著：任由一隻手滑入河水，我們的獨木舟繼續在卡烏拉河的水流上前行。河岸與這首名詩的畫面交織，我為自己的亞馬遜篇章增添另一層意義：「河流領我前往心之所向。」經過半天航程，我們在幾根木樁和塑膠袋標示的淺灘停下，這裡是收購站的往來處，也是我們今晚紮營的地點。璜．約格稍早在途中釣到了魚，我們在河裡梳洗，在吉爾貝保證水質純淨的鼓勵下，我喝了河水。

熱帶的夜色很早降臨，猿猴和鳥兒的啼叫更加響亮。爬上吊床前，璜．約格有數不清的事情要告訴我，關於委內瑞拉的這一隅之地與收購零陵香豆。這裡和巴西或圭亞那一樣，無數族群與印地安人一樣，在森林落地生根，數十年來努力求生。他的旗下有些撿拾者來自奴隸後代的村落。這些人都很貧窮，勉強能夠維生，建築用木材的砍伐許可很難取得，收購來自森林的物產是主要收入來源。這兒賣零陵香豆，那兒賣古巴香脂，璜．約格的公司也購買金雞納樹（quinine）的樹皮。雖然是已定居的遊牧民族，這些村落的居民仍以狩獵採集為主，他們追蹤森林中的可食用動物，收集堅果、零陵香豆、樹脂與樹皮。

隔天一早，我們徒步兩小時到果實匯集儲存據點，與一隊撿拾者會合。這裡有其他路徑，可通往森林更深處。一棵狀況良好的樹，在好年份可生產二十公斤的零陵香豆。印地安人帶著棕櫚編成的籃子走遍這些路線撿拾果實，並帶到林間空地，將果實風乾後打開。

三名印地安人忙著將果實剖半，敲開果核。他們使用「mano de piedra」，也就是石鎚，這種傳統工具於產季結束時埋在樹下，隔年再取出。有人借我一把鎚子，於是我加入人群。石塊打磨得恰到好處，用手握緊後，重量自然能發揮效果。起初我總是敲到自己的手指，不過印地安人認真修正我的手勢，最後我終於成功敲開果核。

我的零陵香豆堆成一座褐色小山，在陽光下映著光澤，是對豐收的十足頌揚。只要敲開零陵香豆就能嗅到香氣，果肉或白或紫，裝滿幾大籃，籃子可承裝七十公斤重，撿拾者隨後背著籃子走到河邊，有時候要步行超過半天。

我們一邊敲開果核，吉爾貝告訴我，傳統上印地安人使用零陵香豆為菸草增添香氣，也會利用其藥性，特別是作為抗凝血劑或強心劑。在委內瑞拉，一八七〇年起在收購上便規劃有方，零陵香豆大受歡迎長達將近一世紀。來到歐洲後，產品一般保存在小木桶中，黑色的零陵香豆佈滿香豆素結晶，因此被稱為「霜豆」（fève givrée）。吉爾貝事業剛起步時往來的批發商告訴他，為了躲避邊境海關和稅金，他們習慣把袋子藏在獨木舟後方的水中拖行。短暫泡水後，剛採收呈褐色的新鮮零陵香豆，會在乾燥時慢慢轉為黑色，佈滿白色結晶，也就是香豆素。這道程序後來經過改良，浸泡當地的蘭姆酒：人們將香豆倒入裝滿蘭姆酒的小木桶浸泡兩天，然後在木桶上鑽洞倒出酒液。香豆在運送過程中「結霜」，對購買者而言成為品質的象徵，這個傳統持續到七〇年代。另外，據說泡酒的手法最初是為了讓香豆無法發芽，避免樹苗外流，因為人們對從亞馬遜森林將巴西橡膠樹拐到東南亞一事記憶猶新。

然而，零陵香豆的藥用功能後來反而成為致命傷。有人懷疑高劑量的香豆素會造成肝臟和肺部受損。一九六〇年左右，美國禁止在香料使用零陵香豆，終結為菸草增添香氣的主要市場。零陵香豆因此轉向另一條出路，香水產業規定的使用劑量，使其毫無危險性。

最近我在巴黎再度見到璜．約格，距離我第一次在卡烏拉河的短暫旅行已經有十五年。接連兩年的好收成後，他想到歐洲拜訪客戶，我很高興能和他碰面，當時也是與他父親在電話上聊聊的好機會，他已經從事業退休，迷人依舊。亞馬遜森林中的時間過得很慢，除了現在有全球定位系統，他的編制、工作方法或工具並沒有什麼變化。當然啦，璜．約格現在更容易定位樹木，不過果核仍舊以石鎚敲開。我很好奇印地安人的村落是否有些不同，包括我曾造訪的帕納雷人，還有香豆是否依然以人力背運。他回答我，唯一的進展是出現腳踏車，因為現在人們只要花費三、四天的收入就能買得起。瘧疾繼續橫行，他母親的醫院從未如此忙碌，而且需要更多資金。

我們談到最近十年他對氣候變遷的殘酷體驗。他必須面對前所未有的狀況，樹木連續數年不開花，某幾年開花後卻沒有多少果實。面對這些無法預料的意外，他不只一次想要全盤放棄。我想是屬於原住民的那個部份還有他對印地安童年好友的感情，才沒令他放棄。璜．約格也很清楚巴西的零陵香豆產量幫助了他。巴西零陵香豆與委內瑞拉的結實季節正好相反，兩個產地之間，唯有這個形式的平衡和互補，才讓零陵香豆保住在香水界的地位。

對地方、技法、採集零陵香豆的人的執著，在某種意義上而言，就是對歷史和現代化的挑戰。按照父子相傳的路線走遍森林，是為了收穫果核，以打磨過的石頭敲開，最後賣給奢侈品產業，這一切似乎不太可能成真，簡直是奇蹟。這一切還能維持多少時間？從闖入森林歸來後，望著卡烏拉河沿岸的野生樹景，我努力想像香水在亞馬遜森林中的未來，那些被砍倒的樹，或是受保存的樹。這種矛盾可以總結為追尋一種平衡，對於這些依靠森林並在其中生活的人們來說至關重要，他們無法擺脫創造物和奢侈品所帶來的騷動，默默留意那些將會向他們顯示的徵候：別砍樹，而要繼續沿著河流和零陵香豆的小徑，追本溯源。

神聖之樹——

印度和澳洲的檀香

檀香、沉香木與乳香樹脂，這些始祖級香氣在香水界中留下的足跡如此古老悠遠，儼然成為傳說。我將這三種傳奇芳香樹木保留在故事的結尾，這三種超凡的香氣，讓人類渴望將它們與宗教、神聖的事物，以及自身存在的本質連結。這些木質無可比擬的繚繞香氣與樹脂，展現了開天闢地以來，人類為了與神靈溝通而籌辦的儀式中，香氣所處的地位。它們扮演見證的角色，證明人類很早以前便擁有能力，在大自然的豐富產物中發現並選擇最不俗的香氣。這些原料從未改變，神祕稀貴，是長達三千多年來靈性、情感與感性歷程的證明，也就是人的條件的共同點。

終章三部曲第一部的主角是檀香，印度的神聖之樹。這種樹備受崇敬，過去人們相信它是永生的，直到檀香的身世轉為一場悲劇。某天我們造訪拉傑家族擁有的農場，距離哥印拜陀（Coimbatore）不遠，他帶我到茉莉田最遠的樹叢，走向一片廣闊的林地。「到了，我們就是在這裡種下檀香，已經是二十多年前的事啦……」故事要回到二〇〇五年，我們對話的十年前。十名武裝的蒙面男子在夜間來到農場看守人一家的房子，手裡拿著步槍簡短地說，他們是來砍檀香的。他們把看守人全家關在屋內，強調只要他們不離開房子，就不會傷害他們。整個過程持續數小時，然後盜伐者帶著二十五棵檀香樹幹離去。這場風暴拉傑始終銘記在心。非法砍伐這些樹木，對他的家族就像遭受侵害，是卑鄙強盜對大多數印度人獨特的美麗與靈性泉源的褻瀆，我早已聽說過類似的事件。其他地方的事態往往更糟，檀香盜採者會毫不留情地殺害試圖保護樹木的農民。在南印度，人們多次帶我前往盜砍樹木的地點，樹根也被拔起。盜伐事件前幾個月，拉傑和我一樣，聽說澳洲成立無數公頃的遼闊檀香場，這件事在香水界引起議論。「一開始我很難接受事實，竟然有別的國家想要把我們文化遺產的一部份佔為己有。但在農場盜伐事件後，我心想必須接受事實；我們對檀香造成的傷害太大了，或許檀香到別的地方重新開始，也是我們咎由自取。」

拉傑概要敘述印度濫砍檀香的辛酸歷史。從七〇年代到現在，檀香的命運從短缺急轉直下變成悲劇：專門盜砍檀香的集團出現，是某種形式的黑幫犯罪行為。後果非常駭人，市場上的檀香數量驟減，幾近絕跡，與檀香和其香氣在印度歷史與印度人心靈中的代表形象相去甚遠。

檀香深深紮根在印度文化中。諾貝爾文學獎得主泰戈爾（Tagore）曾說，自己最好的散文和詩，都是用檀香精油塗抹雙手、雙腳和頭頂後寫下的。「彷彿為了證明愛能夠戰勝恨，檀香倒下的同時散發香氣，也讓砍樹的斧刀染上氣息。」他借用文學中的古老意象如此描寫。

檀香的氣味鮮明，無比獨特，木質調兼有乳香，在各種香調中辨識度極高。讓人痴迷的香氣，在西方人心目中勾起某種極致的異國情調、神祕主義、神聖的形式，是無法抗拒的印度意象。我們總會自然而然地從檀香聯想到印度廟宇中的線香煙霧，無論是聞到香氣，或是在腦中想像。檀香的香味同時受印度教、佛教和伊斯蘭教珍視敬拜，一如沉香木（le bois d'aloès），也就是沉香（le oud），是這些文化的匯集。在印度和中國，傳統上檀香出現在宗教、典禮、藥材、美妝與工藝中，可以焚燒、雕刻、磨成粉末與膏狀，擁有無數源遠流長的傳統面貌。佛教徒在祈禱與冥想時焚燒檀香，印度教徒以檀香膏塗抹廟宇中的神明與朝聖者的前額。檀香雕刻只用在貴重物品上，如念珠、珠寶盒、印度神明的雕像，或是最頂尖的木工傑作，如宮殿的華美大門。

我跟著拉傑到馬杜賴的寺廟，在販售小型檀香雕刻的商店中閒逛，他常常和我說起他與檀香的關係。那是他孩提時代的日常香調，既充滿異國情調又極度熟悉。「Puja」是在家中為神像供奉鮮花的祈禱儀式：人們會刨下少許檀香，加入油和樟腦製成膏狀，然後塗抹在雙眼之間的前額。「Puja 中的檀香習俗在我開始上學之前，就深植在我心中。」拉傑說：「而且檀香也會在臨終時與我們同在。在死亡中，對亡者靈魂最純粹的陪伴，就是在火化時放入一小塊檀香，這點非常重要，不過只有富貴人家才負擔得起焚燒整塊檀香。」他補充：「對我而言，檀香總是讓我想到我們的香皂，是對潔淨的追求，也喚起我們生命中的神聖事物。」

然而，檀香在印度文化中悠久的高貴地位，並不足以保護它自己，反而因為受歡迎，以及香水產業中使用其精油，而成為受害者。一百年來，印度檀香的命運與圭亞那的花梨木差不多淒涼。

人類已知的檀香共有十六種，分佈在遼闊的印度—太平洋地區，從印度遠到夏威夷。這些品種所產生的精油各有不同，氣味也有差異，不過全都有辨識度極高的「檀香」特性。雖然大洋洲有四個原生種，分別是新喀里多尼亞（Nouvelle-Calédonie）、斐濟、東加和萬那杜的特有檀香，不過檀香樹（*Santalum album*）才是檀香中的王者，地盤從印度、斯里蘭卡到帝汶。為了宗教需求和雕刻木材而開採檀香是長久以來的傳統，但毫不意外地，十八世紀和十九世紀時經歷第一波飆漲。在太平洋上，開採檀香與中國和大洋洲殖民者之間迅速成長的茶葉貿易有關；中國人跑遍各個群島，用織品、金屬、武器和酒精交換島上的檀香。這種大型買賣在十九世紀中葉後，引發當地文化的劇烈動盪以及檀香資源的迅速枯竭[1]。

在印度，原生檀香主要集中在卡納卡塔邦（Karnataka）的邁索爾（Mysore）城市南邊，是一道寬度為十到四十公里，從北到南長達四百公里的帶狀森林。這片混合林佔地廣闊，檀香周圍需要其他樹木，才能寄生根部吸取養分。檀香並不是大型樹木，生長緩慢，逐漸將精油香氣集中在中心。隨著樹齡增加，樹木中心變得極為密實，呈現美麗的褐色，是富含精油的木材，即使砍下多年，也仍會持續散發香氣。

檀香向來廣為使用且受到重視，一七九二年被邁索爾的國王蒂普蘇丹（Tipu Sultan）封為「皇家之樹」，並壟斷檀香貿易。印度當局以及後期的英國人將檀香據為己有的情況持續到今日，是造成檀香絕跡的主要原因。一九一〇年的幾篇文章，詳細描述大規模貿易的組

1 尚－弗朗索瓦・碧朵（Jean-François Butaud）著，《香氛植物集》（*L'Herbier Parfumé*）。

織，每年砍伐兩千公噸木材，分成十八個不同品質的級別競標出售[2]。二十年後，年砍伐量超過三千公噸，原本四十或五十歲樹齡才開採的檀香，已經降至三十年即可砍伐。

當局決定國家才有權種植檀香，此決議對一般民眾非常不利，如同宣判檀香死刑。這項壟斷行為驟然抑制檀香物種更新的可能性，無法恢復數量。一九一六年，邁索爾的摩訶羅闍（maharaja）建造大型檀香蒸餾廠，幫助消化滯銷的檀香，因為這段期間歐洲由於第一次世界大戰而陷入低潮。這項手法使得檀香精油普及化，登上調香師的調香盤，其精油也以邁索爾檀香（santal de Mysore）之名博得好評，與保加利亞玫瑰不相上下。邁索爾檀香持續每年三千公噸的速度開採直到一九六〇年，即使所有跡象皆顯示這項資源即將枯竭。二〇一〇年，官方的產量數字為四十五公噸，幾乎沒有樹了，這是歷史的終結。

政府壟斷的檀香交易中實在太多貪腐，如今根本沒有人知道真正的數字。面對嚴重的事態，業界花了一點時間才做出反應，以可信度極低的產地證明敷衍了事，木材或精油皆

2 于貝爾．保羅（Hubert Paul）著，《芳香植物》（*Plantes à Parfum*），1909年；《現代香水》期刊（*La Parfumerie Moderne*），1910年6月。

然。

檀香開採接著慢慢轉向斯里蘭卡，那裡是另一個檀香產地，但是那裡的天然資源越來越少，才剛起步的人工種植計劃成效也很有限。對香水界而言，少了邁索爾檀香精油是個大麻煩，因為它被使用在數百個配方裡。在不得已的情況下，改用新喀里多尼亞或大洋洲其他種類的檀香製成的精油，只能解決一部份替代品的問題，也無法安慰調香師，因為他們不得不將邁索爾檀香從調香盤上取消。

二〇〇〇年代初期，一項主動發起的驚人舉措得到的初步回應，勾起香水業界的好奇心，而拉傑也深感訝異。在澳洲西北部沙漠中種植數千公頃檀香，這項創舉是否能為檀香樹的產地開啟嶄新願景，讓它們繁茂且永續？我的公司決定不再於印度購買檀香，因為繼續存在的買賣並不透明，而且幾乎可以確定是最糟糕的。至於我們在斯里蘭卡的貨源，資源本身脆弱有限，而且貪腐行為對出口限額虎視眈眈。檀香成為我最憂心的事物，落得被指控與謀殺有關的危險真實存在，我們和拉傑討論過好幾次，他常常拒絕必須現金購入的成批木材，任何和檀香有關的買賣都讓他焦慮不已。澳洲種下第一批檀香的十五年後，我必須前去採視這片位於南半球的新森林。

從伯斯（Perth）搭飛機需要五個小時，才能抵達庫努納拉（Kununurra），一座遠在澳洲西北部廣袤無垠地區的小鎮，有如世界盡頭。這座小鎮卻很值得一提，附近巨大的礦場負責獨家出產最珍稀昂貴的粉紅鑽石。這些特殊的寶石價值可高達數百萬美金，靜靜躺在鎮上一家冷清的店鋪裡，在炙熱暑氣下沉睡。到了當地，我才知道鑽石產量已經變得太少，礦場即將關閉，庫努納拉另闢蹊徑，找到另一個名氣來源，或許檀香即將可以派上用場。二十年前，澳洲的特有種「澳洲檀香」（*Santalum spicatum*）精油生產者碰上投資基金，專門用於林業投資，稅務方面極具吸引力。投資種植印度檀香的點子經過深思熟慮、研究，被保留下來。庫努納拉地區由於氣候、土壤，以及因為澳洲最大的人造湖就在附近，擁有不受限制的灌溉潛力，因而雀屏中選。今日，雖然彼此競爭的種植者和投資者之間仍充滿動盪、較勁和衝突，計劃終於問世。十五年間，催生了將近一萬公頃的檀香種植地。

我在澳洲的嚮導是一名法國人，名叫雷米（Rémi），他是工程師，學經歷包括哈佛與美國知名公司。這名巴黎人在紐約長期生活後，進入香水大集團負責採購專案。幾年前，他在兩家共同進行造林的其中一間公司擔任主管，現在他負責管理庫努納拉佔地三千公頃的檀香，正是他邀請我到當地參觀他的成果。雖然雷米很瞭解高級香水業，不過新工作更使他帶著柔情認識香水原料的世界。雷米玩爵士樂，也養馬，他的生活就在巴黎和布列塔尼，但是為檀香發展全新模式的機緣，說服他接受短期間往返法國和澳洲兩地的生活型態。雷米的雙眼炯炯有神，帶著些許幽默感和真切熱誠看待這項新任務。這位香水發表酒會的常客告訴我，他如何在此地，在北澳人跡罕至的地區組織和推動當地團隊。一切都有待執行，要建立苗圃，每年造林數百公頃，著手開採樹齡成熟的檀香，並刨成薄片，以便用卡車運送到三千公里以南的伯斯蒸餾廠，這番規劃簡直是國家級的規模，倒是很符合這項風險極高的專案的野心。這次參觀對我們兩人都是一場賭注，我想要向我們的調香師證明，庫努納拉的檀香，即使最大的樹齡只有十五年，還是能生產相當接近他們印度標準的精油，可以取而代之。「我們成功之前，我是絕對不會讓你走的！」雷米如此對我說，他深知這項任務有多麼艱鉅。

那天傍晚，他帶我去看最新種下的林地，眼前的景色讓我下巴都掉下來。放眼望去看不到盡頭，無數白色小套子拉線排得整整齊齊，佈滿無邊無際的深色土地。小管子保護幼苗，只有幾片葉子冒出頭。「這片地塊六十公頃。」雷米說：「我們正在進行檀香和宿主樹木間隔的新實驗。」造林農業工程師加入我們，他詳盡地解釋拉傑之前告訴我的事情。檀香的根部需要寄宿在鄰近的其他樹種根部，但並不是任一樹種。這些「宿主」的種類選擇、間距、任其在檀香旁邊生長的時間，一切多少有益於人工造林的成功與否。雷米對我坦誠，其實他在這項任務中給自己兩個目標：一是找出適合樹木生長的最佳體系，二是調配出以樹齡仍年輕的木材製成、但是頂尖調香師願意使用的精油。我眼前的造林一望無際，比起我習慣見到的芳香樹木，規格截然不同。他看著我，對於人造林的效果相當滿意：「今年我們會種植兩百四十公頃。你覺得怎麼樣？」我覺得很不錯。我的目光掠過整片不見盡頭的幼小樹苗，想起拉傑的農場中慘遭蹂躪的地塊。我感到一陣興奮激動，想要拿起鏟子親手種樹，淨空腦袋。眼前的景象一掃所有檀香的傷痛、盜伐、走私、滅絕的陰霾。這裡只有新生和成長。夜色降臨，熱帶天空中的摩羯座燦爛耀眼。「看看這些粉紅色，這就是此地夜晚的顏色。人們說天空是粉紅剛玉的顏色，是因為它們不敢想像粉紅鑽石的色彩……」夕陽為保護樹苗的套管染上色彩，壯麗景色美到令我發愣，雷米不得不把我塞進他的車。他的活力令我印象深刻，入侵當地河流的短吻鱷現身就讓他樂不可支，而他似乎不再注意庫努納拉的磨人暑氣。人類總是很快就能適應，他隨口說了這句話，不過因為時差和粉紅剛玉色的天空，那天晚上他累得不支倒地。

隔天，我們巡視各種樹齡的林地。雷米很有把握，認為這些人工林即將找到成效最佳的模式，他已經向我保證，十年後要我回來驗收成果。他把最精彩的巡視留到傍晚，也就是十五年前種下，樹齡最大的地塊。氣溫仍然很高，雷米帶我走向運作中的引擎聲，我們要去看開採已達到或許可蒸餾樹齡的樹木。這才是真正的關鍵，這些樹已經能夠生產我們的調香師可接受的精油了嗎？我們走在這片人造林的涼爽陰影下，由一列列五或六公尺高的樹木組成，檀香和宿主錯落，有各式各樣的樹形和枝葉，整體形成穹頂，有點森林的樣子了。我想起拉傑，似乎看見如今已消逝的印度卡納塔卡邦丘陵風光，在這裡重現。

鄰近地塊正在開採，一台挖土機運作中。檀香被連根挖起，保留富含精油的根部。雷米走在我前方，我們眼看挖土機翻倒一棵樹，剎那間，溫暖濃郁的檀香香氣無預警向我襲來。「過來聞聞看。」雷米對我說。剛拔起的樹木留下的坑洞中殘留些許粗大樹根，有些被挖土機鏟斷了。我接近坑洞，原來迷人的香氣來自這些殘根，我從土中挖出一段樹根，木質中心呈橘色和紫色。熟悉的氣味在大自然中更加芳香，揉和豐滿木質氣味和令人迷醉的淡雅乳香，帶有驚人的強勁香氣。我留下這段樹根，四年後，它仍持續散發香氣。

樹木在平台上清洗、切割，放進大滾筒中去除樹皮，然後依照品質排列。世紀初的一些文章提到，印度傳統上將樹的部位分為十八級，現在只保留六級。樹根、從低處到高處的樹幹、粗細不同的樹枝，樹木各個部位都會大大影響精油的特性，因此必須分別蒸餾，然後混調以製造適合調香者的品質。芳香樹木總是會遇到的難題，就是樹齡。在澳洲北部，投資者不可能慢慢等待四、五十年理想的典型檀香，一開始就決定樹木十五歲時就開採。這個樹齡是最底限，使用更年輕的木材製成的精油評價並不好，但是樹木是催不得的。庫房中，木材在剝去樹皮後精心分等，雷米會一一檢視混合的可能性，一邊討論哪些混調最適合我們。接著我們來到有空調的嶄新實驗室，身旁是一群穿著白袍的澳洲技師，我對這裡讚賞有加，這很接近我們公司在巴黎的設備，和我在斯里蘭卡見到的簡陋檀香蒸餾廠簡直天差地別。這趟評估之旅中，雷米重新找到他所熟悉的香水界的樂趣，也就是那些品牌和小眾香水。他仔細分析我從斯里蘭卡帶來的精油，向我解釋他會用不同批次的精油，嘗試以多少劑量重現前者的香氣。我們試聞十份他準備的樣本，差異很明顯。年輕的木材在精油中會突顯檀香的奶香，這點對我而言是優勢，但是氣味不符合我們的標準。樹根含量高的精油樣本最出色，其中兩種對我來說非常接近目標了，就讓我們在巴黎和日內瓦的專家們決斷吧！我聞著試香紙，手裡還握著那截樹根，香氣令人難以抗拒。現在我們再度回到陽光下，在濕度調節平台中央，上面是堆積如山的白色去皮樹幹，放置乾燥數月後才會刨碎。壯觀的木材堆，讓我想起拉傑曾給我看的一張二〇年代的相片：印度工人和他們的工頭，留著短髭，包著頭巾，一本正經地在準備販售的檀香堆前擺姿勢。一個世紀後，我要雷米站在他的寶貝檀香前，重現當年印度場景的照片，只不過影中人戴著棒球帽和墨鏡。

我要離開庫努納拉前，雷米問我要不要種一棵樹。「這樣你才會回來探望它，讓你有機會在我那些長很高的人工林樹蔭下散步。你等著，時間過得很快的。」一個構思、一些錢、一些水，還有許多精力，鑽石和鱷魚之間就是這樣冒出一座芳香樹木森林的。從澳洲回來後，日內瓦花了許多時間分析雷米的樣本。最後他們接受其中兩個樣本，這兩款精油的混調將成為我們的新標準。

在巴黎，我決定安排雷米和拉傑見面，我很希望他們建立連結。我告訴他們花梨木和檀香命運的相似度。二十世紀時，花梨木和檀香各被砍伐二十萬公噸，這個數字足以讓樹種滅絕，看似難以想像，然而人類與檀香之間的四千年歷史，在一個世紀內差點被抹滅殆盡。身為茉莉生產者的拉傑始終拒絕進入檀香蒸餾這一行，不過他對我們在庫努納拉的經歷很有興趣。話題來到印度時，他向我們解釋，面對澳洲創造的新局面，印度政府被迫做出反應：檀香相關的立法有了進展，並且重新允許私人造林，而他的叔叔如今得以開採之前被關閉並請人看守的十五公頃林地，這些木材再也不必全都賣給政府。過往造成極大傷害的壟斷，終於走向終結，拉傑相信檀香會在他的國家重生，不過也深知，必須等待二、三十年才能看見明顯成果。「說實話，要是沒有澳洲檀香，一切都不會改變，這是很確定的。」雷米說道。

故事很美好。二十年後，有了無數公頃的成熟人造林，庫努納拉將能以世界檀香首府為傲。香水界的鑽石會象徵性地接替粉紅鑽石。我向自己許下承諾，等我的樹十五歲時一定會去探望它，在天空一片粉紅剛玉色的太陽西沉時。

王者之木——孟加拉的沉香

孟加拉的森林是老虎和眼鏡王蛇的安身之處，由於大師們對某種樹木、其香氣和歷史的書寫敘事，我在林中開始明白「王者之木」名號的真正意涵。從古代到十六世紀為止，人們為沉香取了無數名字：在梵語中稱為「agar」，《聖經》中叫做「aloès」，葡萄牙航海家稱之為「鷹木」（bois d'aigle），阿拉伯人則直接稱呼「oud」。人們也稱沉香為「王者之木」，或許這個名稱最符合它的價值、獨特之處、濃郁香氣，以及穿越歷史的光環，一路從印度的皇室和宮殿直到凡爾賽宮。

所有這些名字，都是形容沉香屬（*Aquilaria*）樹木內部形成佈滿凝固樹脂的木材。在抵禦傷口或脆弱處因蟲害帶來的真菌侵襲時，樹木會從輕盈的白色木質中心生出木質結節，由於樹脂而使顏色變深且硬實，在植物王國中沒有任何香氣能與之相提並論。沉香木引起如煉金術般的神奇現象，以及隨之而來的產物，就這樣隱藏在樹幹內部，有如河床上的天然金塊。從白轉黑的祕密變化，在沉香屬樹種內部誕生的沉香帶有神祕特質，創造樹木與尋找、加工與使用沉香的人們的歷史。從抵達沉香的搖籃孟加拉，一直到獻給沉香香氣的短暫夜晚，我都能感受到沉香魔法般的存在。

沉香精油是中東香水界的基礎。西方國家遺忘了沉香，今日才重新發掘且著迷於這種華麗的香氣，是樹脂結合木質調的飽滿香氣與感官享受的精華。中世紀的男人喜歡以一滴沉香為自己增添香氣，所有的阿拉伯香水都含有沉香，或是試圖呈現沉香氣息。近十年來，西方調香師想要取得並且馴服沉香。二〇一五年初，我前往孟加拉北部的阿薩姆（Assam）到沉香的搖籃一探究竟，此地區現在一部份是印度屬地。想要孤身一人直達產地是不可能的事，必須受到邀請才能前往。我的嚮導們是某種仍存在但很低調的傳統的繼承人。穆斯拉（Muslah）是極度虔誠的蘇菲派孟加拉人，他的合夥人達米安（Damien）則是法國人，他們倆在錫爾赫特市（Sylhet）附近的蘇珊納加（Susanagar）蒸餾廠接待我。幾次見面下來，我贏得這兩位童年好友的信任，兩人個性截然不同，不過完全相輔相成。穆斯拉的家族在巴黎，他們偶然認識彼此後便形影不離。在尋找全球香水界的合作夥伴時，他們聯絡上我，以無比精彩的故事說服我。沒過多久，他們就希望我到錫爾赫特，他們的公司在當地經營一百萬棵沉香木，是穆斯拉的家族八代以來建立的傳承。穆斯拉和達米安就是沉香之王。

穆斯拉在蒸餾大師胡桑（Hussein）與他的產品之間的關係中看見奧妙之處。胡桑小心翼翼地拿出盆子，坐在小蒸餾廠中庭的陽光下。每週一次的自然油水分離精油，是他以一整組小型傳統蒸餾壺蒸餾沉香木的成果。他的金屬容器容量和水桶差不多大，幾乎全滿，深色的液面在陽光下發亮。穆斯拉靜靜站在一旁，觀察我的反應。我和達米安盯著胡桑放置裝滿水和精油的桶子，安頓好小矮凳，清潔要用來盛裝蒸餾成品的不鏽鋼容器。這件簡單的傳統工具，外型像帶注油嘴的醬汁盅，極為重要，用來收集香水界最珍稀昂貴的原料。價格從每公升三十到五萬美金不等，頂級沉香精油的價格是玫瑰精油的五到六倍。胡桑輕柔地將一隻手在桶子的液體表面平放，彷彿只是撫過液面，取得精油，然後在醬汁盅邊緣緩緩刮下留在皮膚上的珍貴液體。自古以來，此地區土生土長的蒸餾工就是這樣撈取精油。胡桑保持沉著，精準仔細，這些手勢是跟他的父親學來的。他已經從事蒸餾三十年，熟知各種細微變化以取得優質精油，達到穆斯拉的期待。陽光下，只有鳥兒的歌聲。

穆斯拉一身白衣，包著頭巾，穿著傳統服裝，筆挺優雅，他看著胡桑，兩人低聲交談。他是望族大家庭的繼承人，以身為伊斯蘭教的蘇非行者為傲，西元一三〇〇年左右，偉大的聖人沙阿．賈拉勒（Shah Jalal）將蘇非教派引進錫爾赫特後，就成為此地區盛行的宗教和思想潮流。長期以來獨立的阿薩姆王國，十七世紀時因蒙古人覬覦豐富的象群和沉香木而遭受征服。穆斯拉的家族八代以來種植、經營、開採沉香木，提升沉香木材與精油的價值。

這名年輕人繼承了數百公頃「沉香屬」樹木人造林，有各個年齡層的樹木，其中幾棵甚至有兩百歲呢！這種年齡的沉香木如果真的存在，一定是傳說，可以想像它們的價值，因此必定早就被砍掉了。穆斯拉掌管將近一百萬棵樹，面對數目驚人的資源，他只以一條簡單的規則管理：盡量減少取用的數量，才能將更豐富的遺產傳承給他的兒子輩。他是家族珍寶的守護者，也是錫爾赫特的樹王。

被穆斯拉視為兄弟的達米安也非泛泛之輩。他非常忠於自己的切爾克斯（tcherkesse）血統；此為來自高加索北部的民族，這個地區的歷史既豐富又複雜。達米安的根讓他對歷史研究深具興趣，和穆斯拉相識則賦予他對沉香的熱情。他在法國與孟加拉兩地生活，將沉香木的特殊境遇與多年研究成果集結成一本動人的著作[1]。他在書中詳述在印度教裡，沉香樹脂產生的煙何以和神靈有關，在佛教中則與證悟有關。人們在耶路撒冷的神殿焚燒沉香，伴隨先知穆罕默德，更是用來為耶穌遺體防腐的香料之一。這種帶香氣的木材自古以來聲名遠播，因此基督教主宰的中世紀認為沉香來自人間樂園，將之描繪成從發源自樂園的河流順流而下。有沉香的地方就充滿魔力。沉香在中國和日本的地位崇高，在阿拉伯—伊斯蘭世界

1　達米安・施瓦茨（Damien Schvartz）著，《天堂之木》（*Le Bois du Paradis*），手稿。

中，與玫瑰和龍涎香並列三大基礎精油，是所有東方宮廷與中世紀歐洲國王覬覦的珍寶，人人都知道拿破崙很喜歡焚燒沉香淨化空氣。達米安透過研究和翻譯古老文本，跟隨「王者之木」的腳步進入各個文化，他是此題材的頂尖行家之一，是沉香歷史之王。

在距離錫爾赫特非常遙遠的地方，阿爾貝托（Alberto）掌管另一個迥異的王國。超過三十年來，阿爾貝托是同輩一致公認的知名香水大師，創造無數廣受歡迎的香水，備受敬重，是頂級品牌之間的搶手人物，他的創造力源源不絕且工作勤奮，從來不會畫地自限。雖然阿爾貝托本人不承認，不過大家都知道：他爸爸總是叫他「我的國王」，而他真的成為同輩中的香水之王，也是不同凡響的人物。阿爾貝托有孩童般的單純和真誠，無時無刻都能在萬事萬物中發現美，而且總是充滿幽默感；無論喜歡或厭惡，他都會對不存在的聽眾發表言論。淺藍色的堅定眼神，流露家鄉塞爾維亞「先生」（Don）的自然優雅氣質。他在瑞士怡然自得地生活，精心照料他的庭園，是充滿白花的傑作。阿爾貝托在自己的創作中看見某種流動與難以觸及的特質，他的香水歷久彌新又迷人，卡地亞（Cartier）的「唯我」（Must）、雅詩蘭黛（Estée Lauder）的「歡沁」（Pleasure）、高田賢三（Kenzo）的「罌粟花」（Flower）、亞曼尼（Armani）的「寄情水」（Aqua di Gio）、卡爾文．克萊恩（Calvin Klein）的「CK

One」、古馳（Gucci）的「花悅」（Bloom），全都成為經典不敗的香水。還有數十款帶有他獨特的勁道與輕盈，以認真和高超手藝靈活運用頂級原料。阿爾貝托和沉香的邂逅是必然的，而我有幸能盡一份棉薄之力。兩位尋找彼此的王者，最終相遇了。

故事要回到二〇一五年，以及我初次造訪孟加拉。旅途歸來後，我向公司的香水大師們介紹精油樣本。在此幾個月前，阿爾貝托還讓大家笑翻了，信誓旦旦地說：「沉香、沉香，跟獨角獸沒兩樣……，大家都在討論，但從來沒有人見過！」他以幽默感解釋了沉香交易的不透明性，無數產品打著沉香名號卻來源不明，成品還摻了合成物。在這種混雜的情況下，調香師很容易被搞得暈頭轉向。只要以沉香為名，精油價格從每公斤三百到三萬美金不等，人們完全失去判斷力了。由於意識到這個棘手狀況，我知道穆斯拉和達米安的沉香一定會打動阿爾貝托。當他在試香紙上聞到我從錫爾赫特帶回的頂級樣本時，他一句話都沒說，點點頭，然後立刻盯著他的 iPad，這代表他被征服，而且已經知道該如何運用，以及用在何處。

一年後，我們在「Man Wood Essence」的發表會上再度見面，這是阿爾貝托為寶格麗

（Bvlgari）打造的精緻男香，主題圍繞著幻想樹木：岩蘭草的根、雪松的木質、柏木的葉片，以古巴香脂為代表樹液，統合整體。我們談到這款香水中豐富的木質調，我問阿爾貝托沉香進行到哪個階段。「聽著，我要把你的精油加入一整個系列，沉香精油令其他天然香料更上一層樓，我對成果相當滿意。」又過了一年，調香師阿爾貝托已經獲得職業生涯該有的各種獎項和榮耀，也即將成為沉香之王。

我第二次在錫爾赫特停留時，穆斯拉和達米安帶我參觀他們的阿多姆普爾（Adompour）莊園，也是數十年來種植沉香木而成的森林。錫爾赫特的稻田在長滿森林的廣闊丘陵地上斷續出現，當地居民稱之為叢林。面積最大的林地還有老虎和眼鏡王蛇棲息，有時可以在山坡上見到眼鏡王蛇的蛇窩。這些神祕的叢林位處民族遷徙的匯聚處，因此住滿許多不同人種。有些村子信奉佛教，有些則是天主教，絕大多數的人口是虔誠的伊斯蘭蘇非教派，全都融洽地生活，同時堅守各自的傳統。這片幽靜的森林中，只聽見我們在不同年齡的樹木之間前進時，踩在厚厚落葉上的腳步聲。沉香屬樹木的淺色光滑外皮很好辨認，地衣和黴菌使樹皮表面滿是黃色、綠色、橘褐色的斑紋。從前，這些樹木呈直線種植，年齡從十到八十歲，隨著時間過去枝葉交錯，現在已經變成傲然挺立的喬木林。偶爾會出現一叢叢外觀奇特的樹木，露出一道道金屬點，是釘子。十八世紀以來，錫爾赫特的人在沉香木上敲進釘子，加快樹木內部結香：樹木十五到二十五歲之間，人們在樹幹上以十公分為間距，植入成排鐵釘，幾乎佈滿整個樹幹。樹上的釘子起初在陽光下閃耀亮光，然後生鏽，最後因為樹木持續生長而沒入其中。每一根釘子造成的傷口，未來都可能形成富含沉香樹脂的結。

步行一小時後，我們走近一棵獨自在山坡上的樹，樹幹雄偉威嚴，綠蔭如蓋。「到了。」穆斯拉對我說：「我們可沒騙你，老樹是真的，就是它！」這是一棵沉香樹，據鄰村的傳統記載，它已經有兩百五十歲。我們走近樹木，我靜靜享受珍貴罕有的此刻時光。我一路往上望，看見巨大樹枝的起點，開展成枝繁葉茂的樹頂，繁複寧靜的結構，長滿數不清的葉片。如果盯著樹木稍微久一點，古老的樹木似乎會和我們對話。它們知曉我們出生以前的一切，也會知道我們凋零後世界未來的模樣。古木看似長生不死，有些樹確實如此，而整個東南亞大概也沒有第二棵這樣的樹了。這種年齡的樹木，價值非常可觀，人們一定會竭盡所能找出它們的藏身處，然後砍下來。樹越老，在其中發現特殊結節的可能性也越大，意思就是，依照尺寸、形狀、美觀程度以及密度篩選沉香，最突出者在中國市場上的價格可以高達數百萬美金。數世紀以來，沉香樹在整個亞洲已成為狩獵採集者的頭號追蹤目標。沉香樹數量變得稀少，因此生存面臨威脅，和花梨木一樣列為受保護物種。人們越發迷戀沉香，引起近十五年來從印度到越南大規模造林，種下數百萬株幼苗，從樹木十歲起就嘗試各種手法，例如以針筒注射化學物質使其產出珍貴的樹脂。但是在這裡完全不會這麼做，數百棵老樹在穆斯拉和達米安的造林過程中保留下來，構成某種少見的狀況。「我們絕對不會砍掉這棵樹。如果我們決定要砍掉它，一定會通知你，等你過來和我們一起執行。」最後穆斯拉笑著對我說。這棵沉香樹究竟如何逃過盜伐，活到現在？據穆斯拉所說，在此定居的村民會保護森林。「我們沒有見到村民，不過他們正在盯著我們，而且跟著我們。在傳統中，人們非常尊敬樹木，走私者還沒接近樹木就會被盯上，如果他膽敢動手，很可能會被就地正法。」

我們再度開始步行，直到小路彎處出現一個一動也不動的身影。一位乾瘦的老者，眼神清澈且鬍子染成橘色，看著我們前進，一隻手握著棍棒，另一隻手中是開山刀。穆斯拉跑到我們前頭去和他說話，並與這位森林守護者聊起來。老者是一九七一年孟加拉獨立戰爭的老兵，他赤腳走路，展示雙腿上的傷疤，據他說那是和一頭老虎打鬥留下的紀念。他很熟悉這些樹木，用棍棒敲著樹幹，為我們指出其中最有希望的樹。最後他問：「你們要到村裡嗎？你們可以用走的，這兒沒有老虎。」

走了一小段路後，這次輪到四個小女孩如魔法般突然現身在我們面前；她們像是憑空出現，黑溜溜的眼睛仔細打量我們。她們是樹蔭裡的斑斕色彩，穿著黃色和粉紅色的洋裝、白底紅花、鸚鵡綠和土耳其藍的長褲。隨著我們走近，她們轉眼就無影無蹤，彷彿飛入樹叢。穆斯拉掛著微笑但是一本正經地悄聲告訴我，那些是森林精靈。接近村莊時，我們再度見到女孩們，略略微笑然後又立刻消失。她們就這樣時而現身，時而消失，無聲優美，散發奇異的魔力，我感覺精靈正引領我走向她們的藏身處。她們在第一排房屋前等著我們，每人坐在一棵老樹的樹枝上，是葉叢中的鮮豔色塊，黑髮的小精靈一臉嚴肅，好奇的眼睛目不轉睛地盯著我們。

隔天，我們前往砍伐某棵可能含有沉香結節的樹。達米安和穆斯拉會在當季要砍伐的樹上做記號，他們知道需要三、四十棵樹才能收集到足夠的結節，生產一公斤精油。從我第一次來訪我們就達成共識，他們的精油是我們公司專屬的，我也與他們確認，這一年的需求量增加了。我們開玩笑說他們的精油品質實在太超群了，不過話題卻很嚴肅。他們有固定的生產上限，基於資源管理計畫，在任何情況下都不會超量生產。十七世紀末，為了確保皇家海軍的未來，柯爾貝（Colbert）在法國中央種植橡木林，今日都還存在；同時期，穆斯拉的祖先也在錫爾赫特的沉香樹上敲入第一批釘子。這個類比讓我開心不已，表示在真正的林學中漫長時間的偉大之處，為蒙古皇帝或太陽王效力的人深具智慧，這就是他們流傳下來的訊息的力量。這天，獲選的樹已經六十歲，我們告訴村民，從樹皮中勉強可見鏽蝕的釘子。這棵高達二十公尺的大樹綁上牽引繩確保可以避開鄰近房屋後，兩名伐木工開始作業。他們的動作精簡，兩把斧頭此起彼落，樹很快就倒下了。樹幹底部的白色木質中均勻分布著黑色斑點，表示它遭受感染的程度。接著用十字鎬將樹幹剖開，不可使用斧頭，以免損傷形狀變化多端又難以預測的珍貴沉香塊。我們的樹被剖成四等份，露出釘子殘餘部份周圍的黑色結節。這棵樹「結香」累累，穆斯拉已經在其中注意到幾個值得保留整塊木材的結核狀。木塊放在炭火上加熱，其中所含的樹脂在燃燒時會生成輕煙繚繞，佛陀應該會說，這道煙令人想起涅槃。

回到蘇珊納加，蒸餾工胡桑帶我們參觀加工工坊。在有遮陰的寬敞室內，二十名年輕男子盤坐在一塊木砧板前，以開山刀將沉香樹樹幹劈成碎片；所有非全白的木材都有價值，將用於製造精油。工人們經過一年訓練，學習精準切割木材，他們細心揀選工作結果，分別放入不同的籃子。隔壁廠房中，藝術家正忙著以圓鑿取出造型歪扭彎曲的木材，同時去除所有外圍的白色木材。完成一件作品可能要花費四、五個小時，最棘手的造型甚至需要一整天。胡桑掌管整個工坊，慎重仔細，目光嚴厲，對品質毫不退讓妥協。這些木塊必須完美無缺，才能提升價值。

夜幕低垂，開山刀敲擊砧板的沉悶聲響停止了，胡桑將一張桌子和幾把椅子搬到蒸餾廠前，穆斯拉要讓我聞聞不同品質的數款精油。他將產品裝在類似烈酒瓶的扁玻璃瓶中。依照傳統，這些精油必須在肌膚上嗅聞。穆斯拉在我的手腕內側滴下一滴精油，輕柔摩擦後，讓我深吸香氣。這種深沉陌生的木質香氣混合動物性溫熱的感受，總是衝擊著嗅覺，兩者的結合也相當獨特。沉香精油展現的生皮革風貌令人訝異，甚至迷惑。對某些人而言，香料中的「母山羊」調調帶有畜棚或乳酪氣味，可能會引起反感。不過對大部份調香師來說，這是一種登峰造極的香氣。

達米安準備了裝滿炭火的小缽，上面放了一塊黑色木頭。熱氣讓樹脂沸騰，迸發出一顆顆小珠，然後木頭才開始燃燒。煙霧籠罩我們，我閉上雙眼，無論是裊裊輕煙還是精油，沉香的氣味都強勁到足以讓人動搖，全然喪失時間感。純粹的沉香縈繞攀纏心靈後，就很難擺脫了，有如合法鴉片令人昏沉迷濛。蘇珊納加入夜後，香氣的勁道使白天的景象躍然眼前。永生的樹、森林守護者和老虎、眼神清亮的精靈、黑白相間的木材碎片、胡桑手上的深褐色精油緩緩流入光滑的金屬曲面，在陽光下發出耀眼光芒。

時間過得很快，我們向調香師呈現穆斯拉的精油，也讓獲選的客戶嗅聞精油。二〇一八年冬末，兩名頂級珠寶品牌香水支線的固執代表，陪同我前往孟加拉。她們很喜歡我的故事，嚮往也能帶回閃亮的釘子、精靈、森林守護者和令人沉醉的煙霧的景象。她們在五月份將要推出阿爾貝托創作的新系列，共有四款精彩的香水，以華麗的沉香為主軸。

發行晚宴將在坎城影展期間舉辦，地點是十字大道（la Croisette）上一間高級旅館的露台。錫爾赫特森林和坎城的璀璨亮片，是極端強烈的對比。一如所有頂級調香師，阿爾貝托對這類發表會習以為常。推出新香水總是會演變成以優雅為範圍回答記者的問題，有時候為了讓新款香水找到高級定位，甚至會流於豪華奢侈。這天，我也受邀出席晚會，見證他使用沉香的獨特歷史。我的兩名女性旅伴仍深受探索錫爾赫特的影響，她們希望晚會期間能夠搭配香水，突顯沉香原料與工匠們的崇高地位。這趟旅行的影響極為深刻，她們甚至帶回精彩的相片和一部影片呢。達米安也受到邀請，他與他的客人欣然出席，但是他卻渾身不自在。與會者有世界各地的香水、珠寶、電影和電視圈風雲人物，彼此打招呼道賀。大家都想見阿爾貝托，他向一群又一群人打招呼，從容自得，手裡拿著一杯香檳。由於敏感度高，充滿想像力並且深具經驗，阿爾貝托也善於溝通，他總是能用準確有效的簡短字句讓大家開心。他找我過去，請我向一名好奇的記者描述森林和手工採集精油的故事。他帶著微笑聽我說話，我知道在他的腦海中，我的故事化為香氣。達米安帶來幾塊沉香木，放在炭火上開始加熱，第一道香氣雲煙在晚宴上空繚繞著。一部關於錫爾赫特的短片畫面投影在螢幕上，沉香則飄裊在晚禮服和香檳之間。

當獲選為品牌全新香氛系列的代言女星現身露台時，所有人的目光都移到她身上。索娜姆（Sonam Kapoor）是知名女演員，也是寶萊塢巨星，身穿一席鮮黃色的高級訂製禮服，光芒四射。容貌豔麗，充滿魅力，帶著一抹笑容和深邃眼神，索娜姆明豔照人。她那壓倒性的存在感，對我而言，為孟加拉和坎城之夜創造了幾乎不可能但又如此強烈的連結開端。她注視螢幕上的影片畫面好一會兒。全白的螢幕上，穆斯拉觀察胡桑的手工，橘色鬍鬚的森林看守人眼神銳利緊盯著目標。接著索娜姆走向我們，她想要知道達米安的煙霧的香氣來自何處，並且多瞭解阿爾貝托的四款香水。印度女演員和香水大師彼此介紹後，香水瓶打開了。她閉上雙眼，細細嗅聞許久，然後輕輕放下試香紙，不發一語。阿爾貝托解釋每一款香水，說明靈感是來自沉香的濃郁和清新香調的結合。

索娜姆央求我聊聊錫爾赫特，一邊用雙手優雅地將沉香煙霧往面前搧動。她留下第四張試香紙，抓在手中不放。她再度轉向阿爾貝托，烏黑的雙眼直直望向他的藍眼，問道：「這一款實在太出色了，您怎麼能創作出如此美好的事物？」阿爾貝托說：「我也特別喜歡這一款，取名為『王者之夜』（Nuit des Rois），向阿拉伯沙漠金色光芒中的王子們，還有頂級原料的魔力致敬。」他細數結合在這款香水中的香調，是簇擁明星般「王者之木」的精彩配角，有佛手柑、玫瑰、廣藿香、安息香、檀香、岩薔薇和乳香。他的手中拿著香水瓶，其中許多頂級天然精油的存在，合而為一成為單一的卓越液體。看著身穿陽光色彩洋裝的女演員，一瞬間我以為自己看見了森林小精靈們的姊姊。

阿爾貝托羅列的各式原料，在我的腦海中投射出一部極為私人的影片的畫面，展演這些年來我停留過的地點的記憶。不斷旅行的三十年，似乎以最詭譎的方式重組。「王者之夜」訴說我的過往，彷彿厚實的藍色香水瓶裝藏我的人生片段。

黃衣精靈穿上「王者之夜」，阿爾貝托的創作在香檳杯之間流轉，達米安的香煙在人群中縈繞穿梭。看見被團團包圍、滿臉笑意的阿爾貝托，引人入勝的如珠妙語，他的喜悅令我想起一句一直很喜愛的話：「沒有消遣娛樂的國王只是一個苦悶的男人。」我這樣對他說，同時想起紀沃諾。他愉快地回答我：「喔，你也知道嘛，三十年來我每天都在玩樂呢，絕對當不了好國王！」那天晚上，國王阿爾貝托令人想要分享他的娛樂，歡慶偉大藝術家遇上大自然的傑作：王者之木。

靜止的時間——

索馬利蘭的乳香

「耶路撒冷……成群的駱駝，
並米甸和以法的獨峰駱駝必遮滿你；
示巴的眾人都必來到；
要奉上黃金乳香」

《以賽亞書》第六十章第六節

乳香之旅的念頭已懸在我的心上二十年，我常常想像那會是可行的最後停靠點，從安達盧西亞岩薔薇為起點的道路盡頭。某天，我很明白自己將需要親自在樹上深吸乳香的氣味，這場邂逅將會讓我拓遍世界各地香氣樹狀結構的路線擁有意義。我等待多年，只為找到讓這趟旅途成行的夥伴。接著，必須花費長達數月規劃前往位在非洲之角的索馬利亞海岸。索馬利蘭是出名的危險，大公司都為身處這片地區的合作對象的安危擔憂不已。終於抵達索馬利蘭時，我已經被一陣狂亂的情感攫住：那是數千年乳香的傳奇人物、後來轉為乳香貿易商的韓波的足跡，以及我追逐香水原料的三十個年頭來到終點的感覺，全都縱橫交錯。埃及女王哈特奇普蘇特（Hatchepsout）、所羅門（Solomon）和示巴女王（Saba），還有東方三王，全都和詩人韓波在一段令我沉迷的歷史中交會。

亞瑟．韓波（Arthur Rimbaud）在阿拉伯半島的亞丁（Aden）和衣索比亞的哈勒爾（Harar）之間，度過了十一年的歲月。當年，連接這兩座城市的路線，必須先穿越非洲海岸邊的偏僻村落塞拉（Zeilah），然後以沙漠商隊的形式徒步十五到二十天。古老神祕的哈勒爾是伊斯蘭四大聖城之一，一八八〇年，距離歐洲人初次進入這座城市才不過三十年而已。對於在亞丁成立事業的商人而言，雖然在哈勒爾經營商行，起初是以方便收購位於衣索比亞高原的摩卡咖啡為理由，不過也為周邊區域的所有商品買賣打開大門。身為哈勒爾一家代理商的負責人，韓波以「Abdo Rimb」為名請人製作業務用印章，意思是「乳香運送者」。他寄給母親的信中寫道：「我也大量購買其他東西：橡膠、乳香、鴕鳥羽毛、象牙、乾燥皮革、丁香等等。」這份清單太有意思了，因為二十四個世紀以來幾乎沒有改變，當年哈特奇普蘇特女王將貨物寄往邦特之地（le pays de Pount），這個充滿謎團的目的地，現代人認為應該位於紅海盡頭的厄利垂亞（Érythrée）。衣索比亞的乳香裝滿約十個商隊，韓波集合商隊，從哈勒爾前往塞拉。距今不遠的十九世紀末期，這些沙漠商隊的驚險經歷堪稱壯舉，因為商人、傳教士，還有來自法國、義大利和希臘的探險家頻頻受到攻擊，甚至會賠上性命。我很熟悉這段歷史，《非洲的韓波》[1]一書也陪伴我來到乳香之國。

有了沒藥和乳香，香水不再是單純的氣味調性，轉而進入另一個層面：關於最古老悠遠的歷史、傳說中的主角、神話的痕跡、消失的沙漠商隊和文明。這趟漫長旅途挑戰我們的時間感的基準，香水就是古往今來的指引。

公元前一千五百年，哈特奇普蘇特女王武裝航向邦特之地的船隊，埃及、非洲之角和阿拉伯半島之間的海上貿易，早已存在將近一千年，換算成世紀也很驚人……。海上貿易以象牙、黃金和貓科動物的毛皮為主，不過也很可能有樹脂：沒藥和乳香。

自古以來，人類尋尋覓覓乳香的原產地，四千年來在非洲、阿拉伯半島、兩河流域與東地中海伴隨人類的歷史。在古埃及，沒藥是屍體防腐的必備香料，與安排前往冥界的旅途有關。眼淚乳香較乾，用於燻蒸。

1 克勞德・尚科拉（Claude Jeancolas）著，《非洲的韓波》（*Rimbaud l'Africain*），Éditions Textuel出版，2014年。

乳香煙霧的氣味濃郁，在活祭壇和供奉神靈時不可或缺。即使經過無數歲月，這些樹脂的來源始終不變。生產沒藥的樹是沒藥樹屬（*Commiphora*），產乳香的樹則是乳香屬（*Boswellia*），兩者的生長區域從阿曼西部和葉門北部，直到厄利垂亞和衣索比亞，涵蓋整個非洲之角的海岸，並往下延伸至肯亞。沒藥和乳香是膠狀樹脂，樹木遭割傷後自然流出的分泌物；其一部份可溶於水，一部份則溶於酒精。絕大多數香水界使用的乳香產自索馬利蘭，一個不存在的國家……

索馬利蘭過去叫作英屬索馬利蘭，一九九一年宣布獨立以來，一直等著被聯合國承認。索馬利蘭在分裂的戰爭尾聲脫離索馬利亞，這個位於非洲之角的國家必須應付葉門，現在還與索馬利亞邦特蘭州（la province somalienne du Puntland）接壤，海上掠劫活動聲名狼籍……。索馬利蘭引發周邊國家的不信任，代價是壞名聲，還有孤立無援。

查赫菈（Zahra）和蓋爾（Guelle）是邀請我前去拜訪的姊弟。迷你的哈爾格薩（Hargeisa）機場只能經由杜拜（Dubai）和阿迪斯阿貝巴（Addis-Abeba）轉機，我步下飛機時，他們親自迎接我。他們是我進入這片極度封閉的地區的門路，十年來，查赫菈和她的兄弟們耐心建立起他們的公司，是全世界在此地區推行道德採購的先驅，盡可能依照當地複雜現實的狀況，使交易透明。我向他們購買沒藥和乳香，透過他們收購、分級和出口。在這裡，接受我的到訪並不尋常，代表高度信任。他們帶領我過海關，確保政府當局不會在我的護照上蓋章，若留下在他們國家入境的痕跡，未來要入境美國會造成許多麻煩。

要前往市區，我們很快便駛離柏油路，開到沙子上。市中心縮小成幾座在市集周圍的矮房，還有一棟大公國（Emirat）商務人士和非政府組織人員入住的旅館。才離開市區，取而代之的是索馬利亞傳統住宅。哈爾格薩幾乎沒有供水系統，絕大部份的市區仰賴油罐車供水。沿著佈滿沙塵的道路，是一整排隧道式帳篷，木造拱形骨架上覆蓋碎布縫製的多彩拼布、塑膠袋、切割下的鐵皮和遮布。這些遊牧民族保留奇特的居所，即使在市區也抗拒定居。

哈爾格薩的索馬利亞人身材瘦高，打赤腳走路。女人們全身裹得密不透風，並包著頭巾、穿戴色彩鮮豔的衣物；孩子們看見罕有的白人訪客，顯得驚恐不已。歡迎來到這個致力養殖單峰駱駝和綿羊的國家，牲口出口至鄰近的阿拉伯半島，依靠賺取散居各地同胞的金錢維生；他們人口龐大，組織性強而且相當活躍。索馬利蘭人也繼續另一項深植他們的歷史中的工作：向世界各地生產並出口他們的樹膠。

查赫菈和蓋爾以「可追溯性」和「道德的價值與理念」作為方向，起初面對使用者對於任何和索馬利蘭有關的事物皆存疑的態度，感到有些孤掌難鳴。不過現在的西方市場已經準備好支付較高的金額，向可信賴且永續的生產方式購買原料，因為這種生產方式重視收購環節中的重要角色，即使索馬利蘭和索馬利亞之間的局面仍然一團混亂。查赫菈和弟弟花費不少耐心，未來還有很長的路要走。蓋爾在哈爾格薩與杜拜兩地往返生活，是收購商也是生產者。姊姊查赫菈住在歐洲，負責銷售原料和他們的故事。

在巴黎第一次見到查赫菈時，她的外表高傲，氣質高貴如公主，我差點以為自己眼前的是示巴女王呢！她在吉布地（Djibouti）求學，然後在世界各地的戰爭難民營為非政府組織工作多年。蒲隆地（Burundi）、獅子山共和國（Sierra Leone）和波士尼亞（Bosnie）都遭遇人禍，以及隨之而來的衝突。盧安達種族屠殺剛結束後，查赫菈擔憂自己的性命安危，不過決定致力幫助自己的國家發展。她的聲音沉穩平靜，經歷最險惡的遭遇，使她變得強大堅定。

大約公元前一千年不久後，關於所羅門王的傳奇會面的敘事中，無論真假，某個畫面成為人人關注的焦點，那就是示巴女王，擁有深色肌膚的衣索比亞統治者，她的國家財富圍繞著謎團，更加深示巴女王對這位耶路撒冷國王的誘惑力。查赫菈當然熟悉這段故事。雖然故事讓她會心一笑，不過她提醒我，在這對知名愛侶的面會中，被稱為香料的樹脂份量有多麼可觀：

示巴女王將一百二十他連得金子和寶石，與極多的香料，送給所羅門王。他送給王的香料，以後奉來的不再有這樣多。

〈列王記上〉第十章第十節

帶我踏上前往傳奇之樹的路線之前，查赫菈和蓋爾想要先讓我瞧瞧他們出口樹膠的柏培拉港（le port de Berbera）。

我們開了四小時的車，順著全國僅有兩條的其中一條柏油路，來到這座索馬利蘭與世界連結的港口。這座漁港周圍有幾條老舊的街道，街上漂亮的阿拉伯老房子寂然傾圮。蓋爾很焦慮，漁港入口處的氣氛相當緊繃。我們試圖登上一艘正在裝載他們的樹膠的船，但是入口鐵門周圍的面孔充滿敵意，他們指著我，口氣變得強硬，原因就是外國人在這座港口宣告轉型中所扮演的角色。鄰近的衣索比亞活躍且野心勃勃，正在爭取厄利垂亞獨立後喪失的海港——選擇和大公國結盟的柏培拉港。中國人負責連結阿迪斯阿貝巴—哈爾格薩—柏培拉的新公路，港口也為了投資計畫而正在向大公國讓步。任何西方人都被視為潛在的專家，前來準備裁撤當地就業機會。恰特草成癮的年輕男孩敵意最深；恰特草是傳統毒品，葉片含有安非他命。大部份年輕人不務正業，成天嚼食恰特草，有些人因此變得逞兇好鬥。一群年輕人靠近我，朝我叫罵，蓋爾要查赫拉趕快帶我回車上。他花了整整一小時協商，我們才終於被放行。漁船繫纜停泊在岸邊，緊鄰幾艘舊貨輪；其中一艘貨輪前方，工人們正在將蓋爾公司的成袋乳香和沒藥推疊裝進貨櫃。附近的海灘上有成群單峰駱駝徘徊，等待登船運往沙烏地阿拉伯（l'Arabie saoudite）。裝滿袋子的貨櫃會在吉布地或杜拜過境，然後抵達馬賽（Marseille），單峰駱駝排成一路縱隊，在海灘上緩慢前行：此時此刻的傍晚，柏培拉港口依然令人想起裝滿樹膠的沙漠商隊和阿拉伯帆船。

公元前一千年左右，馴化單峰駱駝的革命催生了沙漠商隊。十個世紀間，香料的陸路取代紅海的船隻。公元前七世紀，通往埃及的乳香之路已經很完善。沙漠商隊接受訓練，可以徒步六十五或七十天，從葉門最大港口夏卜瓦（Shabwa），以每日三十至四十公里的速度沿著阿拉伯半島西岸，經過麥地那（Médine）直到佩特拉（Pétra）和加薩（Gaza）。佩特拉一度是貿易的十字路口，至少有兩萬居民，是南方所有沙漠商隊道路的樞紐，也是往西方、北方和東方的轉運起點。此地的貿易中心裡，樹膠是建構佩特拉財富的主要來源。是乳香沙漠商隊造就了納巴泰人（les Nabatéens）的輝煌文明，直到另一項重大變革導致其殞落。公元一世紀，理解印度季風的風向運作是一大進展，航海家得以直接朝東往南印度，從喀拉拉海岸帶著當地辛香料，往上返回後來的朋迪治里（Pondichéry）。希臘人和羅馬人湧進這條新的東方香料、木材和樹脂之路。回程他們會在阿拉伯半島停留，裝滿沒藥和乳香。這項利潤極高的貿易活動顯示沙漠商隊沒落的開端：另一段新歷史才正要展開。

回到哈爾格薩，蓋爾必須完成我們前往樹群的長途旅行規劃。我們需要官方許可文件，警察局會指派兩名武裝護衛陪同我們，保護我們的同時，很可能也是為了監視我們。等待期間，蓋爾帶我參觀剛完工的小蒸餾廠。簇新的印度傳統蒸餾壺，正緩緩流出豔黃的美妙乳香精油。他的雙眼閃耀著得意之情，向我們展示近來仍顯得難以想像的事：幾乎一無所有的國家，開始了另一段歷史。在這裡必須一手包辦所有事物，從零開始，沒有基礎建設。僅有三條公路和道路網絡，沒有高等教育，沒有技師也沒有工程師。

我到蒸餾壺旁查看倉庫，建築物中滿是一袋袋乳香，來自索馬利蘭各地的收購中心，裝滿直接從樹上採收的「生」樹膠。接著必須挑選分類，揀出透明或淺黃色的上乘眼淚乳香、顏色較深的次等品、偏灰色的小團塊和樹皮。一名年輕女子負責揀選的關鍵步驟，她拿了一個大托盤示範，動作精準迅速，不出幾分鐘就將混雜的碎片分類整齊。查赫菈解釋，公司必須讓這名女子學習閱讀和書寫，他們的員工訓練幾乎都從學校教育著手。

二〇一〇年起，美國開始風行芳療，使乳香需求量激增。索馬利亞邦特蘭和索馬利蘭由於這項需求上漲而引發動亂。幾年之間，人們親眼見到傳統產業瓦解，最容易得手的乳香樹全都遭到粗暴的過度採脂。越來越多媒體提出警告，報導乳香由於過度開採樹木而瀕危。

對現實低頭的蓋爾寧願一笑置之，因為這些騷動和他對土地的經驗並不相符。索馬利蘭的乳香樹資源取之不盡，國內處處可見廣闊的沒藥樹林，他要帶我們去看看他如何開拓新的收購地區，在當地教導村民以前所未有的方式採集樹脂。採集收購乳香就麻煩多了：乳香樹生長在高海拔的岩石坡地和峭壁，雖然資源豐富，卻零星分散在山區，從東邊的希里加波（Erigavo）一直延伸到西邊的衣索比亞國界。雖然整個地區從未經過採脂，想要從這些樹木獲取價值卻要花費不少時間。

邦特蘭的自然資源是怎麼一回事？蓋爾向我解釋，沒有人真正清楚當地的狀況，像是如何、由誰、在什麼條件下採收樹膠。邦特蘭就像真正的索馬利亞，已成為無法地帶。總之，在性命受威脅和禁令之下，我們是無法前往的。想要看邦特蘭的樹膠，只能到杜拜參觀出口商的倉庫，聊勝於無。所有樹膠貿易都集中在杜拜，在那裡沒有索馬利蘭、邦特蘭或葉門的麻煩事，只有轉售商和代理商的業務、庫存和開價，但是不透明又保密的過程是老規矩。

近傍晚時，查赫菈向我介紹他們公司各種等級的沒藥和乳香。輕拂的微風攪動香氣，使其瀰漫整個室內。我們喝著茶，享受痛快歡暢的時刻，香氣無所不在卻難以捉摸，欲擒故縱，在夜色中隨著微風飄忽不定。沒藥總是溫潤帶香脂氣息，深沉性感，然而夏季和冬季的氣味卻截然不同。乳香氣息芬芳，混合松脂（terebinthe）和柑橘調，溫熱且層次豐富，還沒焚燒就讓人聯想到其煙霧。有些乳香來自葉門北部，靠近阿曼邊界，遠離戰區。傳統上，來自索馬利蘭的收購者，包括蓋爾，都會在當地進行大量收購活動。現在我比較理解亞丁灣兩岸之間的強大連結，彷彿歷久來隔水相望的比鄰關係，阿拉伯帆船奠定了非洲和阿拉伯半島間一條永恆的香氣蹤跡。

在兩台各乘載一名武裝護衛的汽車包夾下，我們出發到哈爾格薩北部尋找沒藥，路程長達一百五十公里。護衛陪同除了是正式的安全必要措施，也是一種手續費，是獨立戰爭退伍老兵們的微薄收入來源。兩名護衛身穿戰鬥服、配備武器，神情振奮抖擻。我們一起度過的那幾天，他們聊到當年的抗戰，起初退到衣索比亞國界後方避難，接著向摩加迪休（Mogadiscio）的索馬利亞部隊進攻，最後獲勝。因為這場戰爭，他們其中一人腦袋裡卡了一塊金屬碎片。

一離開哈爾格薩市區就是沙漠，從沙子變為碎石，蒼茫無際。滿山遍野不同品種的金合歡，個頭都不高，枝葉的姿態是典型的矮桌狀。當時乾季即將結束，已降下幾場大雨。綠色的幼小葉片因為雨水而紛紛冒出頭，這片荒漠是尖銳長刺密佈的樹木國度。金合歡的種子有堅硬尖翹的白色果莢，很容易被誤認為花朵，在陽光下有如無數閃亮的小巧匕首。我踏入另一個世界。

樹下是黃色和赭色的砂質沙漠。年輕牧人在這片荒蕪之地放牧單峰駱駝，牠們很擅長在尖刺間啃食嫩葉。我們也遇到山羊和黑頭白身、外型搶眼的索馬利亞綿羊。每隔一段距離，就會出現以一座井為中心的村落。帳篷展示的裝飾品較多織毯，較少像城裡的塑膠物。每一棟房屋周圍的地面皆以砍下的樹枝圈起，帶刺的圍籬有如植物壁壘，可防止野生動物靠近和潛在的入侵者。

道路從沙子變成黑色碎石。地景如月球表面，樹木卻能繼續生長。我們的路線開始往上爬，很快就到了高海拔處，突然在山口轉彎，面向一道道赭色、紅色和紫色的連綿山岳，景色美不勝收。下方乾谷（wadi）流經的地方有些許綠意，這些河流的河床是寬闊的碎石地，下雨後就會重新注滿水流。我們往下走，穿過稠密但依舊沒有葉片的森林，還驚動幾群羚羊和小羚羊。

數小時的路程中，蓋爾和查赫菈向我解釋索馬利亞社會是長達千年的組織，以眾多氏族構成。隸屬某個氏族和其次家族，是影響一生的重大決定；人們和自己的氏族一起工作，也為氏族賣命。對外國人而言，這些無形的線支配一切，從指派到分配收購樹脂的地區，以及每一棵樹的「主人」。

在達瑪爾（Damal）的村莊，蓋爾和他的團隊打造一處全新的沒藥收購處。幾公里外，就能見到最近的沒藥樹出現在景色中。沒藥樹很嬌小，幾乎不足三公尺高，分枝極多而且長滿尖刺，生長快速，木質極軟不太堅固，樹木很少活過四十歲。我們抵達時，村民全都聚集在白人訪客和軍人周圍，少女們羞澀地留在房屋門口，而每個男人都想帶我去看他們剛學會照料、採集的乳香樹。

冬季的採收才剛剛結束，我們走向一叢被選為示範採脂的樹群。採脂工在選定地點的樹幹和主枝上，剝去幾塊面積數平方公分的樹皮。採脂的工具叫做「Mangaf」，就是簡單的木柄，附有兩把刀刃，保護手部不被尖刺刺傷。割口上很快就出現樹膠，兩個禮拜後採脂工會前來採收滲出物。人們在產量最高的季節時，在四個月內重複這項程序，冬季再次開始採收，然後樹木從三月到六月休養生息。

蓋爾在村裡建造一座小倉庫，以便存放最早的採集；這些年來他一共建立了三十個中心，這只是其中之一。倉庫位在陰涼處，幾袋新鮮沒藥靠著土牆排成一列。這種樹膠質地柔軟富光澤，是近紅色的褐色，具黏性。沒藥被關在這個小空間，散發濃烈香氣，我俯身靠近袋子就被香氣圍繞，理所當然地想到東方三王，試圖想著到底是梅奧基奧爾（Melchior）、加斯帕（Gaspard），還是巴塔薩爾（Balthazar）把沒藥帶到伯利恆。經過數週乾燥，沒藥樹膠會變硬，轉為褐色，形成小團塊，遇熱就會融化成一大塊。我的手指放在樹膠上，更加明白為何古文獻形容沒藥是「油質的」，必須裝在皮袋中運送。

過了沒藥樹荒漠，終於到了前往乳香之路的時刻。出發前一天，我看到蓋爾講電話時臉色大變：警方突然下令，禁止我們往東邊旅行，也就是我們要前往的乳香主要產區。然而蓋爾早已經溝通過我們的旅行計畫，查赫菈告訴我，總是會發生這類無法預料的事。蓋爾到處奔走並利用他的人脈，面對各種不理解、空泛冗長的對話、政府部門會面等，時間越來越緊迫。一想到可能被迫放棄近在咫尺的乳香樹，頓時讓我的心情憂鬱起來，就像夢想從手中溜走。最後一刻，在查赫菈的提議下，當局接受放行我們參訪另一個地區，因此我們要到西邊，往塞拉和吉布地的方向尋找乳香。聽到這個消息時，我不僅放下心中的大石頭，還多了一番興奮之情。

我和查赫菈與蓋爾一起查看隔天就要啟程的遠行路線圖。我將路線圖和我的書放在一起對照給他們看，查赫菈確認我們前往尋找乳香樹的路線，正是沙漠商隊從哈勒爾到塞拉的古代道路。聽著示巴女王的回答，我按捺心中的激動，因為我知道她將會一路陪伴我。我告訴他們衣索比亞的韓波，「鞋底有風的男子」，酷愛步行，能說多種語言，二十歲封筆後，成了熱衷追尋、創造嶄新生活的乳香貿易商。他的〈醉舟〉（Bateau ivre）在亞馬遜森林的河流上陪伴我，我們有可能在這裡偶然發現這名哈勒爾沙漠商人的足跡嗎？

離開哈爾格薩時還有一小段柏油路，然後很快就轉為沿著衣索比亞國界的汽車路徑痕跡。景色仍是金合歡、帳篷組成的村落、牧人，以及單峰駱駝。我們與蓋爾的採集者網絡中的一名農人有約，他會帶我們去看看他的樹。經過五個小時的路途，突然間他就這樣冒出來，出現在路的盡頭。那個男人身形乾瘦，身上穿著破舊的T恤，腳踩夾腳拖鞋，手中提著一個塑膠袋，露出燦爛的微笑。他上車後，我們便繼續前行。他喋喋不休，語帶遲疑，拐彎抹角，我們開始開上乾涸的河床，漸漸地，我們越來越確定正在兜圈子。蓋爾以他的方式查看各個方向，這才發現他的採脂農在車中完全失去方向感，而且不敢說實話。最後他要求下車，步行帶路。行走間，他似乎恢復鎮定，在汽車前開始大步奔跑，將我們帶回正確的路線。

河床慢慢變窄，前進也越發困難。我們在兩座懸崖之間前進，地上的石頭越來越大，最後我們放棄開車，徒步繼續路線。乳香樹究竟在哪裡？還要多久才會抵達？答覆僅是一些手勢和一個大大的微笑。對於索馬利亞農民而言，時間和距離觀念的解讀並不相同，唯一能知道的，就是我們正往樹的方向走去。

在石堆中行走一個小時後，我們腳下出現崎嶇陡峭的斜坡。查赫菈累壞了，她不想繼續前進，她不再相信農人口中信誓旦旦的樹，一名護衛留下來陪她。至於我們的嚮導，他繼續迅速地往上爬到丘陵頂峰，雀躍不已，拖著蓋爾和我以及另一名依舊全副武裝的護衛，走到一段看起來相當漫長的上坡路；他如岩羚羊般輕快攀爬，我們完全跟不上。在坡地上，每見到一棵樹就是一次期盼落空，蓋爾確認那些不是乳香屬，就在剎那間，我注意到攀附在峭壁上的幾株小樹，我們的嚮導在樹旁激動起來，用力示意。就是它們了。終於。幾棵幾乎無法碰觸的年輕乳香樹，就這樣高掛懸崖上。爬坡變成攀岩，最後來到窄小的岩石平台。我氣喘吁吁，心臟狂跳，終於抱住期待許久的樹。

我的樹外型很奇特，灰色的樹幹質地柔軟，表面受一層薄膜般的樹皮保護，枝節交錯，顯得很年輕，外根隱沒在兩塊岩石縫間，彷彿根部深入這座山的核心，看來這些樹很適應岩石地。最下方就是河谷，也就是河床，視野令人驚嘆；我用眼神快速掃射這片原始荒野，感到一陣暈眩。我明白，眼前所見的，正是約一百三十年前韓波走過的路線，那本書中零碎的字句如雪崩般席捲而來，我只能緊緊抓住灰色的樹幹。時值三月，樹枝上已經沒有樹葉，起風了。採脂工和蓋爾來到我身旁，他告訴我這棵樹很年輕，大概才十歲，還不能採脂。他取出他的「Mangaf」，放在我的手中，指示我如何劃下第一道刀痕。風越來越強，隨著陽光西斜，天氣變冷，我的手止不住顫抖。我切開一塊樹皮，裸露的木質立刻浮現許多乳白色珠狀樹膠。由於非常靠近樹幹，剛浮現的乳香氣味猛然迎面襲來，如此強勁又充滿辨識度。我的旅伴要我看看對面的懸崖和岩石間的孔洞，他在那些岩洞中存放數週間採收的乳香，然後才騎著驢子將貨物帶下山，回到他的農場。他採脂多久了？蓋爾翻譯我的問題。男人靜默不語，最後仍帶著微笑說道：「我們一直都在採脂。」乳香不斷迫使我們面對時間。時間久遠難以溯往的探索和貿易，索馬利蘭山中無視時間的漫遊。

太陽西沉，我經歷夢寐以求的難得時刻，良久無法回神。這就是浪跡天涯的才子，不顧一切想要當上成功的沙漠商隊商人，代價是整整十年的漂泊無定和苦難，在另一個世界狂熱且徒勞地追尋人生的另一個意義。一八九一年四月，韓波時年三十七歲，病重離開哈勒爾，回到法國接受治療。他的腿因為癌症而無法行走，由十六名揹工花費十天背運到塞拉，那是他的終極沙漠商隊。幾個月後，他離開人世。我掛在我的樹上，細看眼前景色，現在清楚看見乳香樹下緩慢行進的車隊。車隊前進，而我盯著車隊經過的同時，韓波的詩也在腦海中一首接一首湧現。對我身旁的採脂工而言，車隊的行進永無止盡。我任由車隊逐漸遠去，白色小巧的珠狀汁液持續散發撼動我的香氣。這裡的一切從來沒有改變。天空、石塊、路徑，還有樹木生長的岩石，仍汩汩地流出樹膠。

時間在此靜止。

後記：香氣的淬煉之旅

幸好，香氣之旅是無窮無盡的。五月玫瑰、橙花、依蘭、雪松、蘇合香、鳶尾根、癒創木……還有好多其他故事，很遺憾無法一一詳述。從精油、非洲沙漠直到美洲和亞洲森林，從地中海沿岸到熱帶地區，連結起這些地方的香氣絲線的豐富和無數分支，每每令我讚嘆。與香氛產業的人相識和一起工作，從來不會讓我厭倦，無論是保加利亞或印度的花朵採摘者、安達盧西亞的煮膠者、薩爾瓦多或寮國的採脂工、廣藿香或佛手柑的農人、檀香的種植者，或是岩蘭草或薰衣草的蒸餾工，皆是如此。

形形色色的行業，無論單純或複雜，或古老或現代，創造一款香水的路途中要經過數不清的重要環節。無論身在何方，這些社群和家族默默存在的傳承總讓我敬佩。倖存的樹脂或香脂、開採者無所畏懼的決心，延續千百年來飄散在世界上的香氣的熱忱，這些都是讓我欣喜萬分的美妙事物。

生產者想到自己的知識與從事的專業時，總會自問：在未來的世界，他們還能夠繼續生產自古以來的香氣嗎？全世界的農田正以令人暈頭轉向的高速轉變時，他們和手中的天然原料將變成什麼模樣？傳統農村社群的生活模式已進入強烈亂流區，面臨惡劣的氣候、濫砍森林、土壤變得貧瘠，農民看著螢幕畫面上城市燈火中的新生活。另一個世界可想而知，生活較不艱苦，機會也更多，無數農民與他們的孩子難以抵抗這番吸引力。農地、樹木、蒸餾廠，我接觸的與香水相關的行業，獲利是否足以吸引他們留下來呢？古代最早的乳香採集以來，大自然的香氣或許首次面臨是否能永世流傳的隱憂。香水業不斷增加的法規限制，更助長這份不確定性。對於精油致敏性的追擊越演越烈，許多精油受限無法加入香水成分，原本誘惑迷人的天然香氣，現在反而必須一步步辯護自身的安全無害。難道，要限制未來調香師所能使用的天然調香材料嗎？

矛盾的是，西方消費者卻空前地深受來自「自然世界」的原料吸引。為了健康，我們希望美妝香氛用品中使用天然萃取物，也為了芳療中的身心平衡，更為了香水中的豐饒和深度。同時，我們嚴格要求這些萃取物的來源資訊與透明度、生產過程對環境的衝擊，以及與農耕社群之間的道德關係。香水創造者與品牌必須面對並應付近期出現、前所未聞的嚴苛難題。對天然產品的需求與對其使用法規的限制同時增加，香料原產地依舊脆弱複雜，國際標準總是要求更多良好妥善地實行作法。

香水產業組織起來，回應大眾的期待，落實「道德採購」規章、系統的可追溯性、輔導當地社群的計畫、保證品質和正當性。雖然問題龐雜，任務艱鉅，近年來卻也浮現許多良善的計畫。例如，建設水井、學校和醫療院所應對社會緊急援助所必需；成立農業培訓中心，讓青少年做好準備，在村莊裡也能過衣食無虞的生活，並將各種形式的科技引進傳統的世界裡。節約用水的農業、限制殺蟲劑和肥料用量、庫存資料都在農民的智慧型手機裡。這些社群長期遭到忽視或誤解，現在重新被看見而且獲得敬重。真正進行中的改革，大概就是香水產業鏈的四大關鍵角色——農民、蒸餾者、香水創作者，以及品牌——在專業領域中合作。香水界中崇尚保密的悠久傳統，開始被透明度和道德取代。終於等到這一天！

我始終堅信天然香水的未來，就掌握在我們友好的生產者們手中：菲利普、吉安法蘭柯、拉傑、吉吉、法蘭西斯、艾莉莎、查赫菈，以及這一行所有其他出色優秀的手工藝者。我向來喜愛與他們一起探索發展這些手藝，鼓勵他們本身和他們的孩子追求這份職業。香水界肯定乳香、安息香或玫瑰的價值，對他們的未來具有決定性的影響。我們是否已經準備好，接受這些天然原料萃取物迄今專門用於香水配方、實至名歸的奢侈品地位？

在我的敘事最後，我再度深刻感受到這些香氣的獨具個性與近乎魔法般的啟迪。這些年來的旅程，讓我認識了捕捉來自大地的芳香物質，在其消散之前冶煉出這些香氣。一如音樂家的樂器，能將他吐出的氣息化為悠揚樂聲，蒸餾器也以類似的魔術，冷凝帶香味的蒸汽。氣息與蒸汽皆從銅製器具逸散，成為樂音或香氣，猶如捎來世界之美的使者。

不計其數的鮮花、嫩枝、樹皮和顆粒狀樹脂被送入蒸餾器，它們本身就是大自然中的香氣乘載物，經過蒸餾轉化為仙丹靈藥，匯集後最終無限濃縮裝入香水瓶。打開瓶蓋，香氣迸發而出，逐漸重現人們寄託在香水中緊密交織的故事。香水緩緩前行，在我們的肌膚上短暫停留，在幾個小時之間形成濃郁縈繞的香氣痕跡。然後香氣逐漸淡去，消散至空氣中，傾訴大地「世界香氣的根源」所託付給香水的一切。

致謝

感謝我的朋友 Laurent，力勸我寫下這本書。

感謝 Garance 和 Victor，紀念我的母親和安達盧西亞，感謝你們令我想要書寫這些敘事。

感謝 Éliane，多虧你才有這些記事。觀點中肯、見解擲地有聲，好心地一讀再讀，這些記事也包含了妳的才華。感激不盡。

感謝 Marie-Hélène，在起初毫無頭緒的狀況下給我珍貴指引，也感謝熟悉這塊領域的 Aurélie，既是從不喊累的讀者，也給我重要建議。

感謝 Xavier，他擁有淵博的香水知識，與我的友誼歷久彌新；也感謝 Pierre，精力充沛又多才多藝，是我走遍天涯海角的好夥伴。

萬分感謝這本書中的重要人士，分享他們的人生片段，並向散見全書各處的 Naturals Together 的所有朋友們熱情致意。

感謝 Damien Schvartz，讓我展閱他的手稿。

感謝有幸相識的調香師，特別感謝本書中提及的那些：Fabrice Pellegrin、Jacques

Cavallier、Olivier Cresp、Harry Frémont、Marie Salamagne，以及 Alberto Morillas。

感謝 Dominique Coutière 和 Jean-Noël Maisondieu，為我打開 Biolandes 的大門，引我踏入這一行。

Patrick Firmenich、Armand de Villoutreys、Boet Brinkgreve 和 Gilbert Ghostine，感謝你們在 Firmenich 對我的信任、友誼的象徵，以及我們前往原產地旅途中的支持。

最誠摯的思念，獻給我過去與現在一路上的旅伴；想念在朗德那些年的美好相遇：Benoît de Le Sen、José Carlos 和 Susana、摩洛哥的 Philippe Siamak、Vessela，以及其他許多人。

感謝格拉斯的 Yannick、伯斯的 Émilie。感謝 Jordi 和 Gemma、Livelihoods 的 Bernard，以及 IFEAT 的友人。

感謝我在印度的好搭檔，Marc 和 Sarah，還有香草老兄 Benoît。感謝中國優雅無比的 Helen 和 Lu Yan。

感謝 Julien、Anael 和 Bastien，充滿才氣的東方三王影像傳達者。

最後要大大感謝 Michael Christopher Brown 這位出色的攝影師，以及 Filip、Virginia、Valeria 和 Fabrizio，共同促成足以為本書發聲的法文版美麗封面。

專業術語：香水這一行的專有名詞

名詞

1. 滲出物（exsudat）：任何從樹木傷口流出的物質。
2. 香脂（baume）：有氣味的液態滲出物。
3. 樹膠 / 樹脂（gomme/résine）：風乾變硬的樹木滲出物，樹膠可溶於水，樹脂溶於酒精。
4. 眼淚（larmes）：凝固的樹膠或樹脂塊。
5. 蒸餾精油 / 壓榨精油（huile essentielle/essence）：植物以水蒸汽蒸餾得到的物質。不溶於水，比重較水輕，自然油水分離時會和水分離。
6. 凝香體（concrète）：植物以溶劑萃取所得到的香氣膏狀物。
7. 原精（absolue）：凝香體可溶於酒精的部份，調香師可使用。
8. 萃取物 / 香料浸膏（extrait/résinoïde）：以酒精萃取植物得到的產物。
9. 純露 / 玫瑰水（eau florale/eau de rose）：帶香氣的水，在水中蒸餾花朵得到的成品。

技法

1. 採脂（gemmage）：割開樹木，使其產生香脂、樹膠或樹脂。
2. 脂吸法（enfleurage）：將花朵鋪在一層油脂上以捕捉香氣的古老技法。
3. 蒸餾（distillation）：植物或混合水 / 植物，透過蒸汽循環生產精油。
4. 萃取（extraction）：植物透過溶劑流動，以生產凝香體 / 原精。
5. 蒸餾壺（alambic）：生產純露或精油的器具。
6. 冷凝液（condensat）：從蒸餾的蒸汽變回液態的水和精油的混合物。
7. 佛羅倫斯瓶（florentin）：可從冷凝水取得自然油水分離精油的瓶子。
8. 萃取機（extracteur）：生產凝香體或香料浸膏的工具。

五感生活 69

香氣採集者

從薰衣草、香草到澳洲檀香與孟加拉沉香，法國香氛原料供應商走遍全球，發掘品牌背後成就迷人氣息的勞動者與風土面貌。

原著書名　Cueilleur d'essences: aux sources des parfums du monde
作　　者　多明尼克．侯柯（Dominique Roques）
譯　　者　韓書妍

總 編 輯　王秀婷
責任編輯　郭羽漫
美術編輯　于　靖
版　　權　徐昉驊
行銷業務　黃明雪

發 行 人　凃玉雲
出　　版　積木文化
104台北市民生東路二段141號5樓
電話：(02) 2500-7696｜傳真：(02) 2500-1953
官方部落格：www.cubepress.com.tw
讀者服務信箱：service_cube@hmg.com.tw
發　　行　英屬蓋曼群島商家庭傳媒股份有限公司城邦分公司
台北市民生東路二段141號2樓
讀者服務專線：(02)25007718-9｜24小時傳真專線：(02)25001990-1
服務時間：週一至週五09:30-12:00、13:30-17:00
郵撥：19863813｜戶名：書虫股份有限公司
網站：城邦讀書花園｜網址：www.cite.com.tw
香港發行所　城邦（香港）出版集團有限公司
香港灣仔駱克道193號東超商業中心1樓
電話：+852-25086231｜傳真：+852-25789337
電子信箱：hkcite@biznetvigator.com
馬新發行所　城邦（馬新）出版集團 Cite（M） Sdn Bhd
41, Jalan Radin Anum, Bandar Baru Sri Petaling, 57000 Kuala Lumpur, Malaysia.
電話：(603) 90578822｜傳真：(603) 90576622
電子信箱：cite@cite.com.my

封面設計　施漢欣
製版印刷　上晴彩色印刷製版有限公司

城邦讀書花園
www.cite.com.tw

【印刷版】
2021年 10 月 5日　初版一刷
2022年　6 月 2日　初版二刷
售　價／NT$480
ISBN 978-986-459-337-8
Printed in Taiwan.

【電子版】
2021年 10 月
ISBN 978-986-459-362-0（EPUB）

國家圖書館出版品預行編目（CIP）資料

香氣採集者：從薰衣草、香草到澳洲檀香與孟加拉沉香，法國香氛原料供應商走遍全球，發掘品牌背後成就迷人氣息的勞動者與風土面貌。 / 多明尼克· 侯柯(Dominique Roques)著；韓書妍譯. -- 初版. -- 臺北市：積木文化出版：英屬蓋曼群島商家庭傳媒股份有限公司城邦分公司發行, 2021.10
面；　公分
譯自：Cueilleur d'essences: aux sources des parfums du monde
ISBN 978-986-459-337-8（平裝）

1.香水 2.香氣 3.精油

466.71　　110012414